《室内空间与展示艺术设计》丛书 | 朱淳 主编

室内与展示材料应用

戴云亭 邱蔚丽 编著

中国传媒大学出版社

图书在版编目(CIP)数据

室内与展示材料应用/戴云亭,邱蔚丽编著.—北京:中国传媒大学出版社,2010.5

ISBN 978-7-81127-888-0

Ⅰ.①室… Ⅱ.①戴… ②邱… Ⅲ.①室内装饰-装饰材料-高等学校-教材 ②陈列设计-材料-高等学校-教材 Ⅳ.①TU238 ②J525.2

中国版本图书馆 CIP 数据核字(2010)第057990号

室内与展示材料应用

编　　著	戴云亭　邱蔚丽
责任编辑	阳金洲
责任印制	范明懿
封面设计	邓岱琪
出 版 人	蔡　翔
出版发行	中国传媒大学出版社(原北京广播学院出版社)
社　　址	北京市朝阳区定福庄东街1号　　邮编:100024
电　　话	86-10-65450532 或 65450528　　传真:010-65779405
网　　址	http://www.cucp.com.cn
经　　销	全国新华书店
印　　刷	北京中科印刷有限公司
开　　本	787×1092 mm　1/16
印　　张	9.25+1(彩插)
版　　次	2011年1月第1版　2011年1月第1次印刷
书　　号	ISBN 978-7-81127-888-0/TU·888　　**定　价**　39.00元

前　言

现代社会中，住宅居所、工作环境、商业空间和文化设施的环境质量，是衡量一个国家、地区或城市经济发达程度和文明水准的标志之一，建筑室内空间的质量由此受到更多关注。技术和文化的进步，对室内环境和艺术质量的要求也更加具体化、多样化。近年来，国家基本建设的持续投入，大量的住宅对装修设计的迫切需求；各种商业、办公和文化空间对室内环境更高的要求；大批城市博物馆的兴建、各种商业和文化类会展等，构成了对这一设计领域的社会需求。

作为综合技术与艺术领域的设计门类，室内空间与展示艺术设计近年来获得极大发展。几乎所有设置艺术设计专业的高校都有环境艺术专业、室内设计专业或展示设计专业的设置；其他层次的室内及展示设计专业更不胜枚举。大量社会需求和这一专业领域设计教育的发展，不仅逐步完善了设计学科本身，同时也对专业的教学提出了新课题和新需求。室内设计专业的教学领域正在不断拓展并向纵深发展：一方面除了建筑与室内空间本身，还包括室内设计的相关领域，如博物馆陈列设计、各类商业空间设计、文化娱乐空间设计；另一方面也包括室内环境设计的相关技术领域，如各类空间的陈设艺术、采光与照明、室内家具、室内声学、绿化配置及水、电、风等专项技术领域的设计教学也都在迅速普及。这些教学领域发展所带来的需求，除了对教学内容和教学方法的研究和改革，同时也包括对与该专业相关的高质量教材的需求，而本丛书的编纂正是适应了该学科发展的需求。

考虑到不同层次的教学与使用的需要，本丛书将“室内设计”与“展示设计”这两个在学科性质上有许多相近之处，同时在课程设置上有较多重合的专业门类合并在一起，使其构成一个较为完整，并能相互配合、互相印证的教材体系，这将有助于这些相关的课程之间在知识体系方面的完整，同时也有利于使用者按不同的教学要求和培养对象来选择相应的教材。

本丛书各分册在编纂上，以课程教学为主导，系统论述该课程的完整内容，同时突出课程的知识重点及专业的系统性，并在编排上辅以大量的示范图例、实际案例、参考图表及优秀作品鉴赏等内容。教材所附的各学科教学进程安排和课程练习（作业要求、作业步骤、作业数量、建议课时和作业提示）仅作为建议，各使用院校可根据各自的专业教学重点选择采用。

在编纂过程中，作者充分考虑到各分册之间在知识内容和教学深度方面的相互衔接、互为补充；同时为适应不断发展的学科领域，还将不断推出后续的各分册，希望能够为这一专业领域的学科建设提供一套系统、科学和优质的教材。

华东师范大学设计学院

朱　淳

2010 年 10 月

目　录

目　录

导读

本教材主要在室内设计基本原理和设计方法的基础上，分析和研究展示空间环境设计与不同材料的应用表现和创意方法，特别是展示空间环境设计中材料的运用技法。首先，我们要对展示空间环境设计中材料的重要性有相应的认识；其次，理解材料作为室内展示环境设计中一个具有影响环境和人们视觉效果的独特表现内容以及材料所具有的性格魅力。因此，在学习室内环境展示设计的基本理论知识和实践应用的过程中，如何将基础知识运用到实际的设计项目中，能够根据需要来完成展示空间环境设计的要求和对材料选择应用是至关重要的。通过领悟阶段的“基础”学习和感知体验阶段的“应用”学习的结合来学习对材料的应用方法是本教材编写的目的，也应看做是设计专业学习的最终目标。本书除了作为专业教材以外，还可作为其他相关专业的参考书籍。

书中还安排了较有代表性的展会设计的案例来分析、阐明不同的材料在室内空间环境和展示设计中应用的作用和意义。尤其是材料在设计表现中的与功能、形态、色彩、肌理、质地、技术工艺等各个方面的关系的论述更是本教材所希望表达的重要信息。

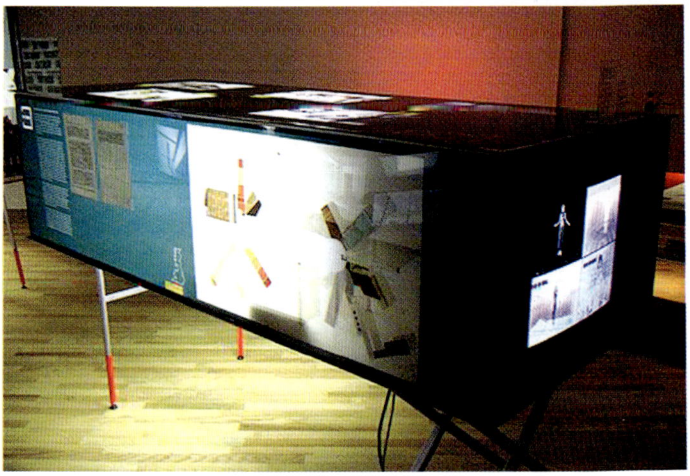

第一章 展示设计材料概说

图 1—1—3，所展示的效果是商业环境中橱窗的展示形式，其中在利用色彩、光、形与材料结合的形态中达到了视觉的效果。

图 1—1—4，在橱窗的环境和空间中利用有机玻璃材料制作的文字形象来体现设计上简洁、明快的风格。

1. 展示设计材料应用基本概念

研究和学习室内展示设计特别是材料的应用和方法，首先要从它的基本概念开始，只有掌握了正确的概念和应用方

图 1—1—1，我们可以看到一些不同形式的展台和展位的天棚应用了不同的装饰材料，呈现出了具有丰富变化的视觉效果。

图 1—1—2，展示的效果是运用了线材形式和结构的设计。

图 1-1-5，在一些建筑空间环境中，建筑结构本身形态构成了具有形式意味的展示形态。

图 1-1-6，在各种各样的会展环境和空间的形态设计中由于技术的发展和提高，材料在应用上也变得更加丰富多彩。

法，我们才可能更好地去感觉室内展示设计的视觉美感和认知其在我们专业设计中的重要性。从本质上讲，展示设计是指所有展览会和陈列展示产品设计的视觉艺术形式。它包括各类商场、商店、饭店、宾馆、博物馆、商品展销场所等具有商业销售空间和服务功能的室内外环境规划、美化设计等工作。同时，它还包括室内商品陈列（如橱窗展示和开放式商品展示空间）和各类附属促销产品的陈列展览等，其作用和最终的目的是提供为大众销售商品、展示商品及提高展示空间环境对商品的销售功能的提高，促进消费和引领消费及生活方式的改变。就世界经济中心城市的发展来说，会展和展示业会从以下各个方面促成大中城市的经济和文化的发展、繁荣，会展自身的经济效益空间巨大，经济发达国家会展业的产值占其 GDP 总值的 0.2%左右。展馆租金收入、广告赞助及其他会展服务、会展相关社会性收入（住宿、餐饮等）对相关行业有明显的拉动经济的作用，另外，会展还可促进第二产业的健康发展与消化，有利于城市建设的加快发展，城市景观和公共交通等也都将会得到很大的改善。因此，会展对城市来说应该是获益匪浅的一项活动。还有，对当前中国的就业形势来说也是一个可以缓解城市就业的问题。根据权威机构的调查，每增加 1000 平方米的展览面积，就可以创造近百个就业机会。在会展的范围来看，各行各业中，制造业展会占参展百分比为 85.1%，运输、通讯、公共事业展会占参展百分比为 75%，批发业展会占参展百分比为 78.7%，零售业展会占参展百分比为 37.8%，金融、保险、不动产展会占参展百分比为 57.6%，服务业展会占参展百分比为 34.4%，广告、宣传行业展会占参展百分比

图 1-1-7，由于展会的各种不同的需要，在会展的设计上经常见到变化了的文字形式，由此突出一种独特的展示风格。

为33.3%。所以，根据这些数据的统计，我们不可忽视展示、会展活动带给社会巨大的经济和社会效应。

区分不同类型的展会和展示活动，一般来讲，我们可以按照内容和功能进行室内展示设计的划分；如会展设计、公共商业环境的展示与设施设计、公共服务性场所的展示与设施设计、橱窗设计等。按时间长短可分类为，长期的：如公共商业环境、场所的展示与设施设计；短期的：如展会、展览设计。从性质上划分，有贸易和消费两种。贸易展是为产业举办的展览，展览的主要目的是交流信息、洽谈贸易。消费展是以直接销售为目的。对工商业开放的展览是贸易性质的展览，对公众开放的展览是消费性质的展览。两种性质兼有的展览被称作是综合性展览。从内容上展览分为综合展览和专业展览两类。综合展览是指包括全行业或数个行业的展览会，也被称作横向型展览会，比如工业博览会等，专业展览是指展示某一行业甚至某一项产品的展览会，如国际汽车展等。专业展览会的突出特征之一是常常同时举办讨论会、报告会，用以介绍新产品、新技术等。从规模上分，展会有国际、国家、地区、地方展以及单个企业的独立展。从时间上划分，展览有定期和不定期展，定期的有一年四次、一年两次、一年一次、两年一次等。在发达国家的专业展览会一般为三天左右的短期展。在英国，一年一次的展览会占展览会总数的3／4。另外，展览日期受财务预算、订货以及节假日的影响，有旺季、淡季。根据英国展览业协会的调查，3-6月及9-10月是举办展览会的旺季，12月至次年1月以

图1-1-10，不同环境和空间展示体现了展示的对象的不同，中厅的灯具的安排，除了强调玻璃的色彩效果，更主要的是通过玻璃这种晶莹剔透的效果来体现整个环境的气氛。

图1-1-8，“日立”电器的展会展示效果。非常明确告诉人们展会的品牌概念。

图1-1-9，同样是作为商业展示环境的展示设计，选用玻璃这种具有反射特点的材料，来增加展示环境的良好的气氛效果。

图 1-1-11，不同形式的展示设计形态提供了不同的材料展示的舞台，设计的创新也就有了可能。

及7-8月为举办展览会的淡季。这与每个国家和地区的经济、文化的不同也有着时间上的差异性。按场地、位置划分，展览分室内展览和室外展览。室内展会多用于展示一些人们比较熟悉的常规展品，如纺织产品展、电子数码产品展、文化用品展等。室外展览多用于展示比较特殊的展品，一些超大、超重和采用空间环境因素考虑的展品，如航空产品、飞机展、矿山机械设备以及造船技术等展览，在几个地方轮回举办展览的会展我们称之为巡回展。

以上是展览的概念和几种主要的类型。事实上，我们在安排和筹划展览的时候应该是根据不同性质、形式和功能的展示活动作一个比较详细的分析和计划，从中我们可以发现所有的展览活动其形式和主题在实际操作过程中有着非常丰富的变化，这就要求在设计中有更多的新思路和新创意。

室内展示环境的设计中，对材料的运用首先是从材料的选择上入手，不同的展会对材料的选择是有不同的要求的，这就告诉我们在室内展示环境设计中对材料的基本要求，除了是体现材料在室内展示环境具有的美感之外，可能更为重要的是功能方面的实用要求，应该说这两个方面在实际的运用过程中是相互发生关系的，有时候是有矛盾的，如，运用某个材料在室内展示环境中视觉的艺术效果非常强烈，包括运用当今的纯艺术领域里所体现的创作意图作为表达的途径和媒介，但这种材料就不一定适用于其他的室内展示环境中，那如何去选择和运用则需要通过一定的方法，特别是对展现

图 1-1-12，大胆的色彩应用在几何形简洁、明快的展示形态上是那么的自然和协调，再搭配上同样也是简洁明了的灯具，更使展示空间环境具有了时尚的氛围。

图 1-1-13，利用剪影的人物形象作为展示的中心，在整个展示空间环境中非常醒目和突出。

图 1-1-14，运用图案色彩与形态之间的视觉效果来打动人们的神经，达到非常好的效果。

图 1-1-15，通过室内环境中的某个部位的材料变化创造一种丰富和厚实的空间环境。

图 1-1-16，在展示的道具设计中适当地应用一些建筑材料可以起到意想不到的效果。

图 1-2-1、2，建筑形态的变化形式往往与材料的应用是密不可分的，从这两张照片中可以感受到这样的情形。

图 1-2-3，一种具有非常强烈视觉冲击力的反光材料应用，可使一个原本不起眼的展示环境顿时变成一个具有神秘和梦幻的环境。

不同材料的特质美感、提高展示设计作品的视觉效果和文化语义。因此，了解基本的概念和掌握一定的设计方法以及通过对于材料的运用技巧的实践操作训练，可以帮助我们更好地理解材料在室内展示环境设计的重要性。

2. 材料变化与发展 — 提供展示设计的动力

材料是用于制造有用物件的物质。根据材料的组成结构，可分成金属材料、无机非金属材料、高分子材料和复合材料；根据材料的性能特征，可分成结构材料和功能材料。历史证明材料是社会进步的物质基础和先导，是人类进步的里程碑，如"石器时代"、"铜器时代"、"铁器时代"等；在近代，钢铁材料的发展对于工业革命进程起了决定性的作用；半导体材料的发展把人类带入了信息时代。当今，人们把材料、信息、能源作为现代文明的三大支柱。

当今社会的经济发展状况，已经为我们展示设计乃至其他设计专业的材料应用提供了相应的保证，新材料的技术革新和在不同行业的实际应用也同样提出了在材料应用方面展示设计专业的新思路和新方法，特别是对不同的材料的形态、性能、外观形态以及色彩肌理等变化提供了更多的可能性。不同材料的变化过程也就是材料发展的过程，当一种材料除了具有特定的功能之外，变化的外观以及功能使用都会使得已有的材料特征发生意想不到的视觉效果，这些情形往往就

图 1-2-4，不同材料的结合运用保证了设计上的形态变化的可能性。

是我们所讲的设计灵感的来源。历史经验告诉我们，当初设计师在不同的领域运用不同材料，原来仅仅是表达材料的一个方面的寓意，这些寓意在历史发展的长河流淌了几千年，至今具有了一种新的含义或富有了新的精神思想，如古老的石雕艺术在现代设计建筑空间中的展示，让人感受到一种时代的历史沧桑感。金属材料被安排在简洁明快的室内空间设计中，会使原有材料的视觉特征发生改变。同样，在现在的室内环境中通过类似的材料制作的物品的设计，展示也会使得现代风格设计的文化品位有所体现。同时，也体现了设计师对美的追求的又一个新的创造性的尝试。由此还可看做是我们在展示设计中的“由技入道”的思想境界的发展和延伸。

图 1-2-6，看似不起眼的天然材料通过设计师的有意识的造型处理，变得在展示空间环境中具有生命力，似乎在表达着自己的思想。

图 1-2-5，2005 年的日本世博会上展示的材料应用，可以说是异常丰富，特别是新型的材料通过不同设计方法处理，呈现出与原有的材料完全不一样的感受。

图 1-2-7，在展示设计中除了通过材料的变化处理，还可以利用形态的变化，设计创造一种设计理念上的空间效果。

图 1-2-8，这是比较常见的展会形式，在结构和材料的运用方面显得相对有商业特点，展览的主题非常清楚。

图 1-2-9，这件展示作品具有一定的创意特点，除了形态和结构的安排之外，材料的充分应用，使人在观赏后产生一些联想。

图 1-2-10，在公共空间环境中，设计师可能更注重空间和环境的分割控制，不过，在这样的环境空间设计中应用一些自然的材料不失为一个好的主意。

图 1-2-11，在一些商业展示环境中，设计师对大空间与小空间的形式安排有着重要的作用。

图 1–2–13，上海地铁的地下广场的空间设计，金属材料在光线的透照下形成的结构，具有了新的形态意义，也就有了设计的意味。

图 1–2–14，作为一个展示的空间环境，大胆应用不同的材料组合的效果，给人的感受非常强烈，材料的色彩变化和形态独特是它打动人的方面。

图 1–2–12，这是汽车配件的展会设计，虽然材料没有什么特点，但是其展品的体量感、肌理感和表面光挺的展具形成的对比关系，也是我们在设计中需要考虑的因素。

图 1–2–15、16，在汽车展会产品展示的环境中，汽车形态与周围环境的形态之间的关系，在设计中是考虑的重要内容。

图 1-3-1，运用墙面本身的材料所体现的光挺的肌理效果，在一些公共环境展示中被广泛的应用。

图 1-3-2，在博物馆展示空间环境中，运用大理石材料光挺的肌理效果应该说是最好不过的材料了。

3．材料的作用——展示设计中的意义

材料既是展示设计的新概念形成的重要内容，也是展示设计中形式和结构以及美学的基础保证，我们知道，当今的设计不论是室内和室外空间和环境的设计，包括产品设计和视觉传达设计等在设计过程中都不可避免地将涉及自身不同的设计领域中所运用的不同材料，因此，学习和理解这些材料在不同专业领域中的材料知识，特别是在展示设计中的材料应用都具有重要的意义。为什么这么说呢？我们从以下几个方面来讲：其一，在展示设计的学习中，除了学习基本的表现方法即效果的表达和设计思想的体现，需要对设计的对象所用材料的特性有所了解，包括它的功能方面的特点以及材料的视觉美感特征，如木材的特性是什么，它的不同种类的外观表现效果是如何体现的，其肌理效果在整个展示空间中如何去表现等，这就需要对各种各样的木材特性有所了解和认识，才能比较完整和明确地应用到你的设计创作中去；其二，材料与材料之间相互的搭配以后出现的视觉效果应该如何在设计中体现也是一个非常重要的内容，在我们的设计中，好的设计，其材料的应用和搭配应该是非常贴切和合理的，同时，也可以体现设计师匠新独具的设计思想；其三，除在设计中体现材料外在的美感肌理之外，其材料各自独有的内在情感方面的含义以及给人们的视觉体验是其他形式无法达到的，这也就是材料的生命语言概念。因此，对于我们在学习中更需要关心材料在设计中的不同表现和应用。另外，运用一种或多种材料除了在功能上的作用外，实际上设计师还希望通过材料对展示环境的影响让我们感

图 1-3-3，好的展示设计就是要充分运用材料所构成的形态、色彩和光的作用来创造新的设计思想。

受到当今社会对时尚的一种追求的趋势。从以上几个方面来讲，材料的学习应用在我们的展示设计中是具有重要意义的，同时，也应把它看做是展示设计课程中必不可忽视的一个学习体验过程。

图 1—3—6、7，这两幅作品均为韩国参加 2005 年日本爱知世博会的场馆设计，用了一些小薄片、轻质塑料材料制作，形成一种旋律的节奏感。

图 1—3—4，在一些博物馆的展示设计中运用不同的材料来展现不同的展品，达到所展出的展品与展示环境的一种协调关系。

图 1—3—5，这是体现家庭环境的展示作品，突出的是家庭中常见的材料组合效果。

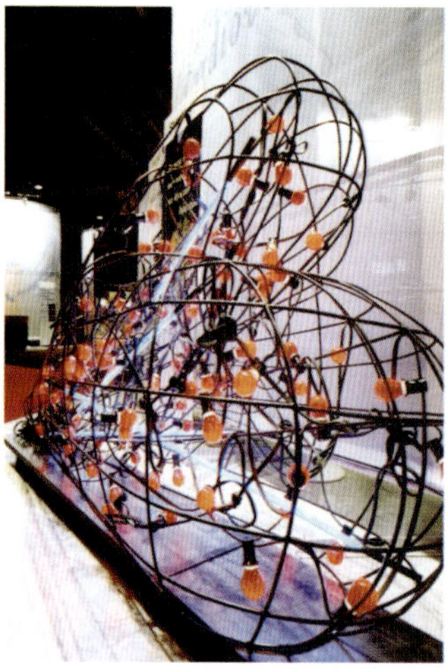

图 1-3-8，金属线材与圆形灯具的组合应用，展示出如同雕塑般一样的艺术化的视觉形象。

图 1-3-9，传统的图形和色彩加上材料的选择，都使这样的展示环境增添了无数的遐想。

图 1-3-10、11，一般在环境中运用比较暗的色调是比较少的，明快的色彩是通过材料的特性所决定的，随着设计观念和发光与不发光材料的出现，这样的展示形式非常具有强烈的视觉效果。

图 1—3—12，选择塑料百叶窗的展示形态，单纯而简洁，在这样的空间营造形式中，让人们感受到一种清静、通透的环境气氛。

图 1—3—14，强烈的光线照射形成的一个明确的展示结构形态，空间想象和视觉回味尤为突出。

图 1—3—15，一个基本形的变化、重复，形成一个丰富变化的展示形态。

图 1—3 16，排列整齐的形式形成的视觉美感可以在展示环境中创造端庄的感觉。

图 1—3—13，利用相对比较吸光的材料来完成展板的设计，可以同样达到比较明快的视觉效果。

图 1-3-17、18，利用结构形式的变化与多种材料应用的搭配，是设计师在创新设计中不断思考的问题。

图 1-3-19，在展示环境中的展具设计也是非常重要的内容，特别是在设计中材料有所体现。

图 1-3-20，如果材料的特性比较接近或者基本相同，我们就应该通过光线的处理和由于光线的因素造成的色彩变化来营造空间环境设计的感觉。

本章重点与学习提示：

本章主要简述室内展示材料在设计中的作用和意义。通过对展示材料的技术革新和在展示行业实际应用的学习，讨论材料是如何作为激发设计师的灵感以及给予参观者在展示空间环境中得到创造性想象的可能，并尝试通过了解材料在展示设计方法的应用来提升设计新的概念，体会材料在展示设计中的多种创意上的效果。

第二章 展示设计材料的体验

1. 结构功能——设计不可缺少的思考

每一种材料都有其特有的一系列物理的和加工方面的特点，以及在不同的温度和湿度等条件下膨胀和收缩的特性，包括材料的腐蚀性、柔软性、脆弱性、在视觉形态上的纹理、肌理效果等。这些特点在很大程度上决定了使用这些材料的展示产品的触摸感、视觉冲击强度和形态的外观及在应用时的多种功能表现的可能性，比如，大部分金属线材、木材和某些塑料材料，都是非常适合于加工或者与其他材料一起组合成形的。另外，还有一些材料如玻璃和陶土通常只能单独地加工使用，或者用于相对独立的展示区域的部件。这样，我们的设计任务就有所不同了。因此，就需要对每种不同材料根据不同类别思考应用，这就使得我们对材料的研究需要进一步的深入。如金属材料我们一般可以分成黑色金属和有色金属两个类型，这样就有助于我们理解在这两种类别中如何来选择运用。我们知道大部分的金属材料都是由若干种金属组成的合金（混合物），而其组成是长时间围绕适于加工处理并适于实现最终产品所要求的各种各样不同功能与需求，通过试验以及凭借经验我们可以得到我们所需要的实践应用色彩效果。另外，金属从最软的到最硬的，从轻的到重的以及色彩从浅到深的之间的区别，正是除了织物和木材之外其他材料无法比拟的。还有就是它们大多数具有可铸性，也就是说，他们处于软化或者是流体时可以利用模具成形和比较随意地造型，从而制造一些我们所想要的形态，尽管金属的变化形式有非常多的内容，但是离不开铸造和冲压等技术形成的工业加工的核心。硬—软—硬的形态变化，是设计师必须要了解的，它们有时像黏土一样我们可以利用其软的形态达到展示所需的视觉效果。

图 2-1-1，一个好的展示结构形式可以给我们带来无限的空间想象和视觉回味。

图 2-1-2，橱窗展示的结构与形式，通过应用一些材料的变化和搭配形成视觉的中心点。

图 2-1-3，法国蓬比杜餐厅的空间展示设计效果，是利用金属材料设计的壳形结构与其他材料的应用的环境搭配，设计师考虑的是一种材料应用的对比关系。

图 2-1-4，运用竹子材料设计的橱窗，简洁和大方的形式，充分突出了竹子这种材料的性格特征。

图 2-1-5，运用塑料材料设计的家具，利用其形态的有意味地安排在空间环境中，营造了一种非常独特的展示环境气氛。

图 2-1-6，汽车的展会上，经常可以看到这样的设计，在简洁的环境中，运用一些其他材料的展具作为视觉上的点缀效果，此方法简便可行。

如今，展示设计材料的应用和运用都已扩大并超越了已有的传统智慧和原有的定义。我们在学习材料应用的过程中将遇到从未有过的新思想和新概念，需要理解这样的概念来加深学习和塑造展示空间的无限潜能。我们对三维作品的设计，即对所创作的设计作品中的思想、对展示作品材料如何影响观者，使他们被吸引到所营造的材料展示视觉空间中去，是设计者要考虑的问题。

图 2-1-7，金属结构组成的展示框架除了材料上的结构应用，更多的是体现汽车产品的品质、信誉。

图 2-1-8，几何形态的结构除了体现所展示的产品特征外，也给过于单纯的或比较小的产品提供了展示的舞台。

图 2-2-1，在展示设计中运用类似玻璃的材料模仿真实的产品作为空间展示的展具非常有创意。

2．真实材料——体验的感悟、材料表达

如果对自然或人造材料进行体验感悟，你将会发现，你眼前的那张被弄皱的纸或是变形的木板等，都会具有无穷想象的魅力空间。你的眼睛和心灵将对纸或木材等所呈现的种种视觉形式以及这些形式界定的空间环境产生丰富的变化，由此产生好奇和幻想，是通过材料的无数褶痕、凹陷、坑道传递给我们的视觉信息所产生的。

21 世纪人类社会进入了信息时代，技术与材料的飞速发展从本质上改变着我们的生活方式以及人们的审美体验，人们的视觉心理和表现行为也随着展示设计空间中材料变化而发生着不同的视觉体验。因此，展示设计中的新的表现设计形象和对材料新的追求也是当今展示设计的新特征。在这样的大背景下，室内环境艺术和展示设计在内容和方法上都将不同于以往，更要求每一个设计师根据信息社会人们对周围环境的认识和视觉表现特征探索新的设计策略。

图 2-2-2，在展示设计中经常会运用到真实的产品作为空间展示的展具，使得产品的形象更容易被人们认识和了解。

图 2-2-3，在一个公共展示空间中，人们坐在非常具有设计意味的产品上，利用产品形态的元素变化，使得原本单调的空间具有了形态变化的形式美感。

图 2-2-4，在展示空间环境中安排我们常见的一些产品，可以让人产生一种情感和怀念之意。

图 2-2-5，在一些展会中，产品直接作为展示的材料，安排在较为简单的展会环境中，也不失为一种新的创意概念。

图 2-2-6，利用丝网印刷技术在柔软的面料上体现设计主题，柔软的材料与坚硬的展具形成的对比关系，这就是该作品的美妙之处。

图 2-2-7，丰富的色彩、形象明确，一下就告诉我们展示的主题思想，单纯、干净形态的设计风格，材料的发光的应用，结合在形态的细节变化中。

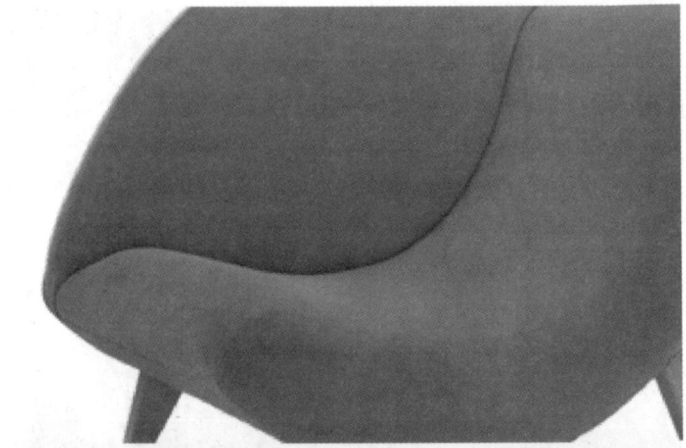

图 2-2-8、9，利用单纯、简洁的形象和表面光挺的材料作为展示的展具，可以非常明确地传递一个信息，设计师在营造一种简约主义风格的空间环境作品。

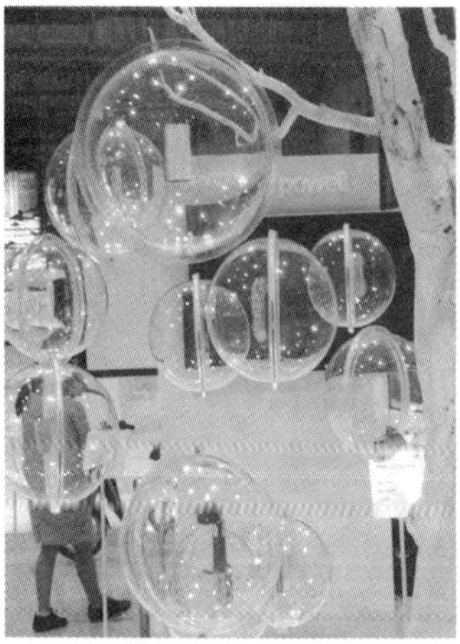

图 2-2-10，透明塑料薄膜材料制作的球体形态在展示空间的应用，通透的特征虽然体积比较小，但是，体现了材料的独特语言。

图 2-2-11，看上去非常的单纯，没有过多的装饰，但实际上细节的处理可以看到其真实的风格一面，即简朴、宁静的氛围。

图 2-2-12，这是韩国展会上用自然材料—纤维制作的如同雕塑一般的展示效果，醒目和具有个性特点。

图 2-2-13、14、15，这是一组利用塑料瓶材料为展示元素的设计，让人产生意想不到的感觉，再加上形象鲜明的视觉传达表现，使得形象更丰富，也使得展会的环境效果更丰满、具有一定的层次感。

图 2-3-1，科学技术的支持已经成为现代展示设计的重要条件。

图 2-3-2，形态的设计通过模拟一些高科技产品形象，达到一种展现技术的展示作用与目的。

图 2-3-3、4，这是在汽车展会上，美国 JEEP 车展示设计中，运用比较先进的技术手段达到的静态与动态结合的视觉形象。

3. 泛技术的引入——创意设计的支持

当代的展示设计已经发展成为现代科技成果的综合体现，因此所涉及的展示设计构成的因素也愈来愈复杂，并且融入了数码技术手段、声光电一体的高科技技术等，与之相呼应的便是功能空间和材料的更新和发展，这为设计师对展示空间进行分析、规划、设计提出了更高的要求。就展示空间环境本身而言，采用合理的空间设计是构成展示设计中跳跃节奏、顺畅韵律等艺术效果的关键，技术的进步，材料工业的发展，正确处理和把握功能空间与应用材料之间的相辅相成的关系是构筑现代展示空间设计必不可少的过程以及设计精髓所在。随着现代科技的发展，许多发达国家的展览出现了多种不同的动态陈列的形式。这种动态陈列的形式就不仅仅是点、线、面、色、光的结合，而是运用了现代科技的手段，利用现代声像技术、摄影技术、计算机模拟仿真技术等方法，在展示现场中创造一个更为逼真的场景，使观众完全置身于一个更为真实的虚拟空间之中，仿佛形成了一个跨越时空的“时光隧道”。这就需要运用现代科技成果，对原来传统的灯光材料的改变，如“光导纤维”照明和“LED”新技术突出展示空间中的视觉形态和形象，当然，在此基础上还是有一些传统的材料会被变化地应用，如玻璃、金属、塑料材料等，通过在光的作用下所出现的视觉效果而变化着人们意想不到的效果。这样展示空间中的时间和空间的距离被改变了，动态的改变使得空间被延伸了，时间也变化成了人们可自我控制的一个体验现象。观众们可以用自己的心理变化来体验展示空间运动的主观世界。当今社会科学技术的迅猛发展为环境艺术设计提供了材料和技术等方面的支持，

图 2—3—5、6、7，这三张图片是 BELKIN(贝尔金)展会展示的多媒体技术所呈现的视觉效果，通过一些技术的方法和手段来完成这样的空间设计，需要有一定的边缘学科的支持。

越来越多的人们开始关注新型材料、新型工艺可能给室内展示环境带来的好处。

一个好的商业展示环境需要由安全环保的材料和良好的工艺技术来保证，例如，现在展示、会展活动中出现的商品展示的智能化、系统集成化等新特色，使得人们已经不满足于原有的一些简单的平面设计和立体制作展示道具系统，而更需要有个性的展示效果。包括远程控制的照明、声光，咨询信息系统等个性化的展示服务。

图 2—3—8，技术的形式多种多样，平面化的展示形式已经不能完全体现展会空间中元素的发挥，因此，采用新技术中的静与动的变化结构形式应该是今后展示泛技术发展的趋势。

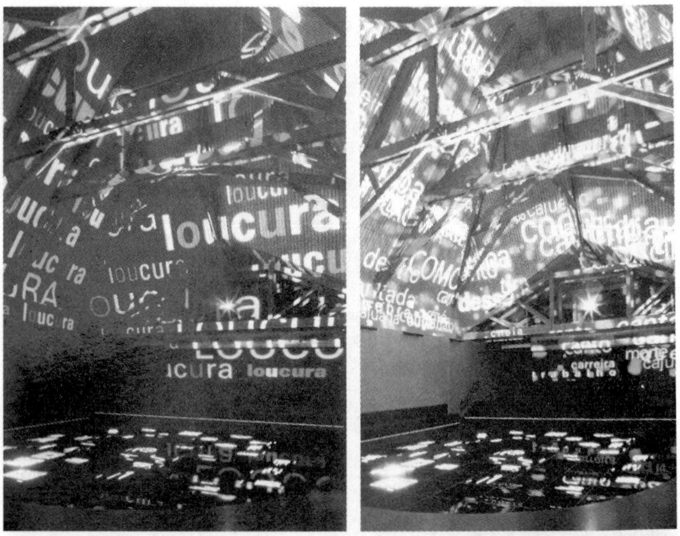

图 2–3–9，梦幻般的形象组成的形式变化，是基于多媒体技术应用的结果，在这样的条件下，技术依托材料和结构形式的把握达到其最佳的视觉效果，特别是在一些高科技展会中运用非常广泛。

图 2–3–10，同样是运用数码技术作为展示的表现内容，在展会的材料应用和形式上的变化是有区别的，有的展会更注重于利用多媒体技术来体现视觉的平面化形象，而有的是希望达到立体形态上改变人们原有的观念。

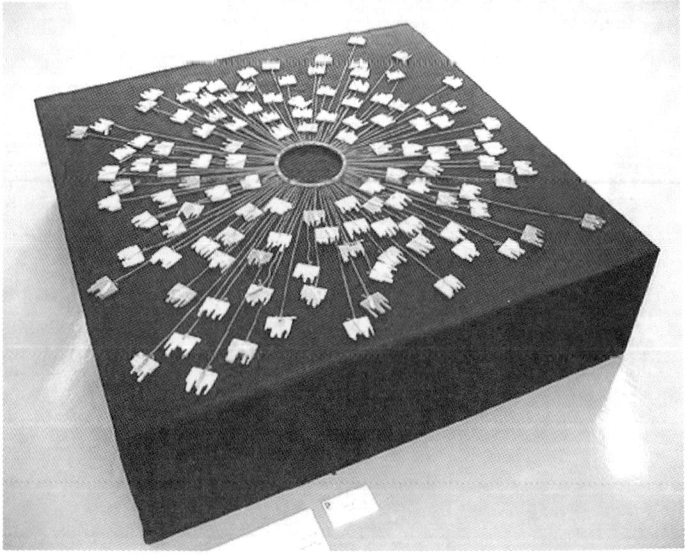

图 2–3–11，在一个展台上，利用展品的形态语言表达一种在材料上的变化形式，虽然，环境与空间在这里比较弱。但是，鲜明的视觉形象让我们记忆犹新。

图 2-3-12，简洁的多个几何形态的组合，在形态、大小、变化的过程中利用材料与光技术的处理达到了一种视觉上的平衡关系。

图 2-3-14、15，作为视觉传达的重要元素——文字和图形，是需要通过一定的材料与媒介表达的，这张图片说明了二者的处理协调与统一的关系。

图 2-3-13，常见的展会形式中，一般都或多或少地会得到技术的支持，特别是通过电视多媒体技术，把展示的材料美感与空间形态美感结合起来，体现一种展示艺术，这是一个非常奇妙的体验过程。

图 2—3—16，展会中局部的技术手段处理将会大大提高整个会展空间环境的视觉与美的关系。

图 2—3—17，运用一些活动的形象来增加展会的变化、丰富的可视效果，可以通过参观者与设计者之间的互动体验来实现。

图 2—2—18、19，这两张图片主要是通过光线的变化与参观者的参加展示活动，所达成的一种默契和认知的视觉感受。

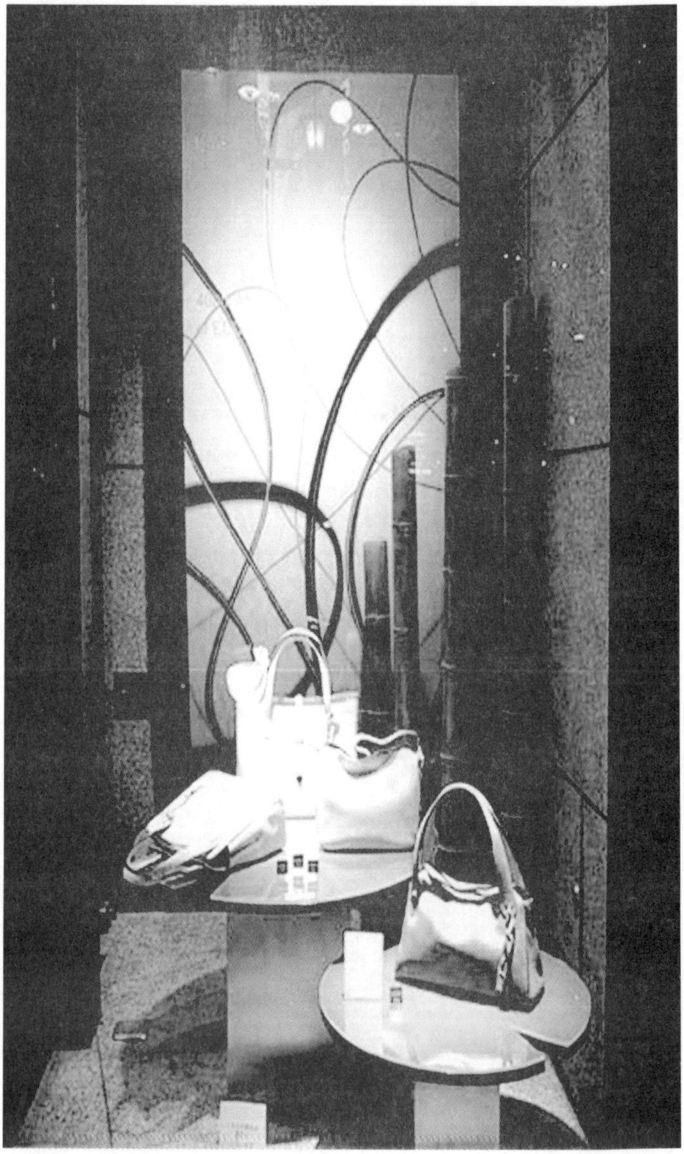

图 2—3—20、21，利用自然和人工材料制作的橱窗，流动与静态的相互对比的处理。

图 2—3—22，在室外的展示活动中，良好的技术支持是保证好的设计得以实现的前提，金属网线的形成需要有一定的金属焊接技术和形态力学原理的应用，如此形态才能得到构成的形式美感。

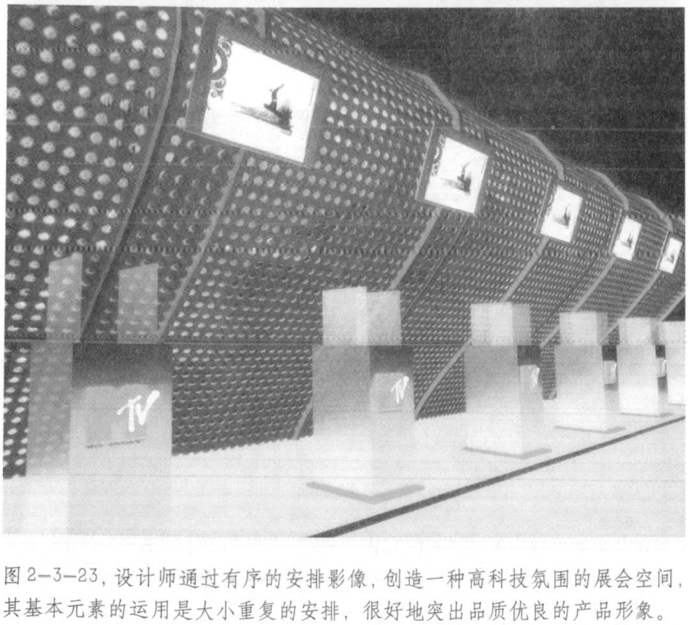

图 2—3—23，设计师通过有序的安排影像，创造一种高科技氛围的展会空间，其基本元素的运用是大小重复的安排，很好地突出品质优良的产品形象。

图 2—3—24，在创造性的设计概念形成过程中，技术的考虑是帮助我们来完成新的思想和概念的实施，在这张图片中，形态的创新思想是通过一系列的电子产品形态和网络的技术来完成的，材料的作用使得变化着的形态更有时代感和技术成分的体现。

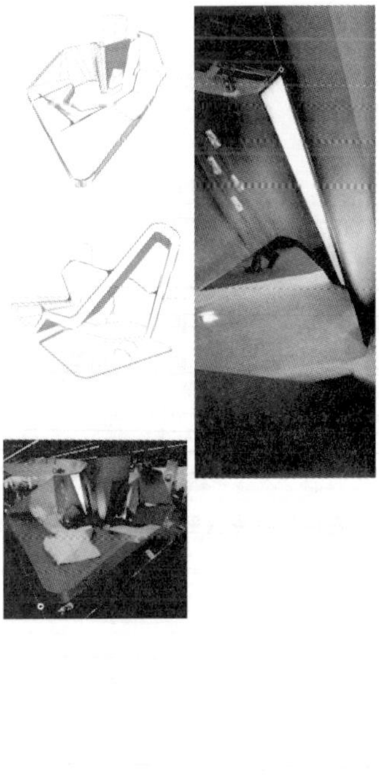

图 2-4-1，独特风格的形成除了通过形态完成之外，是通过材料的不同搭配来完成，图片中运用可塑性材料制作的人物形象的安排，很好地说明了这样的关系，虽然，人物并不那么起眼，但是，改变了我们一般意义上的设计思路。

图 2-4-2，模拟自然环境和具有神秘的气氛效果，材料在其中的变化运用，表达了设计师追求和崇尚这种丰富、热烈、具有一定气势的风格设计思想。

4. 风格与时尚——独树一帜的深刻印象

一种典型风格和时尚设计的形成通常是和当地的人文因素和自然条件密切相关的，又需要在设计创作中通过创新的构思和材料的结构形态、造型形态变化得到相应的体现。这就是我们经常所讲的形成风格的外在和内在因素结合表现的现象。风格虽然通过形式表现，但风格应更多地具有艺术、文化、社会发展等多方面深刻的内涵，从这一层面含义来说，风格又不停留或等同于形式。需要着重指出的是，一种风格或流派一旦形成，它又能积极或消极地转化而影响文化、艺术以及诸多的如我们所涉及展会的视觉因素。因此，风格并不仅仅局限于作为一种形式表现和视觉上的感受。我们说，自然风格是倡导“回归自然”，美学上推崇自然、结合自然，体现在当今高科技、快节奏的社会生活状态中，风格的追求是人们获取生理和心理的视觉平衡的一种合理的表达。

近年来，展示设计行业中私密空间或是博物馆形式所独特的风格，逐渐在转向公共展示空间环境场所中，也影响到了展示产品设计的思想，这种显著的变化，使得展示设计师以及其他展示活动的相关企业已经意识到，在公共展示空间环境中展示艺术氛围以及其他形式的环境空间独特的个性魅力越来越得到重视。这些魅力的形成有时就需要通过材料的独特性格表达。事实上，人们越来越多地从新的建筑和艺术表现形式中看到了材料变化和具有特色的艺术效果的价值，通过在设计创作构思和方法的体现，对材料的逐渐认识，材料在体现设计风格上已经越来越成为展示室内空间环境设计“创意”的表达语言。

图 2-4-3，在橱窗设计中，鲜花形象与服装材料搭配，风格一致，形态也比较接近，材料的表现手段也非常的鲜明，给人一种华丽、丰厚的视觉体验。

一种典型风格的形式表达，通常也是与当地的人文因素和自然条件密切相关，同时又需在其创作过程中的良好的构思和造型特点。所以，一种形式的形成就如同是一种风格的开始，而风格的体现往往与所使用的材料与工艺结合在一起，如展示的空间环境中展示的道具是选用木质纹理材料，不管是设计成什么形态，会让你产生一种怀旧的品位，或是朴素的自然风格。如采用钢结构材料制作的展示道具，你就会联想到工业时代和当代工业技术的一种精神面貌。应该说一种风格或流派一旦形成，它又能积极或消极地转化而去影响社会生活中的文化、艺术以及设计方面等诸多的因素，因此，它并不仅仅局限于作为一种形式表现和视觉上的感受，所以，以上所讲的材料的表现事实上也是作为风格的体现的一个方面。例如，在博物馆的展示设计中，展品陈列在壁架、桌面上或者隔在玻璃后面，那么与此相比，放置这些作品的场所——如建筑的门厅、展厅与展厅的过渡区域、公共区域等都需要有与之协调的风格。另外，在一些商业展示活动中，特别是在一些品牌产品的展示效果的表现中，利用不同的发光材料来体现时尚的感觉越来越受到设计师的推崇。

图 2-4-4，几何形图式的背景处理，选用一些与展品相关的产品作为与之搭配的展示，形式感非常强，隐约地会感受到被它的一种风格和情绪表露的影响。

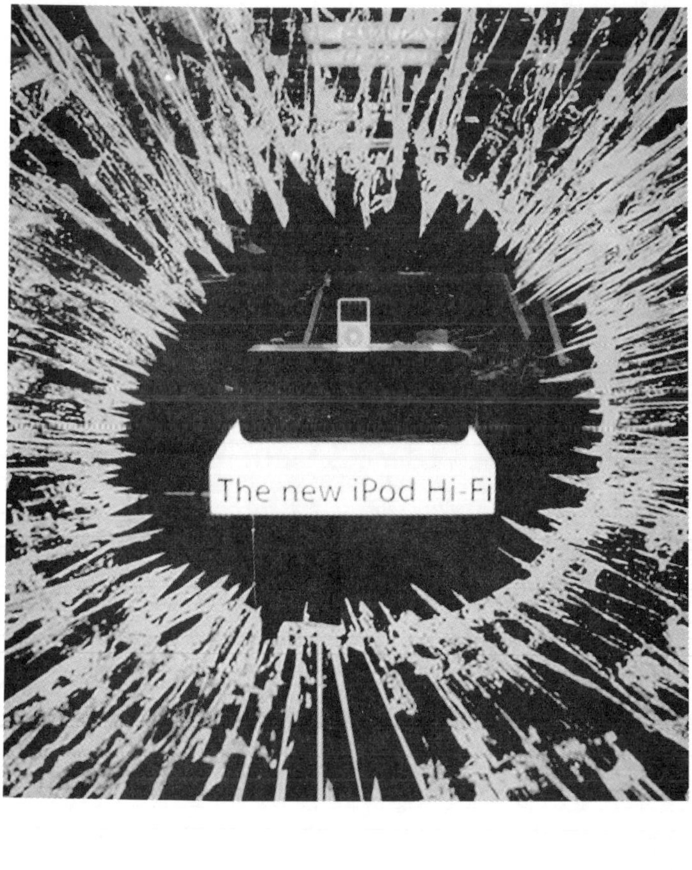

图 2-4-5，利用电影胶片的形式制作的展架来表现展会主题，主题思想和风格非常鲜明，黑色的支架和有机玻璃材料的结合，突出表现了图片作为宣传的主要目的。

图 2-4-6，利用玻璃上的爆炸形态创造了一种视觉上的印象，作为世界著名品牌的展示形象，创意的独特是其更为注重的。

图 2-4-7，在一些艺术品的展示展会上，简洁和重复的形象，看似简单，事实上，感受到所展示的主题、风格的变化特点。

图 2-4-8，夏令营重复的结构形式和材料的变化形象，形态之间的参差变化，具有比较强烈的视觉印象。

图 2-4-9，利用彩色的塑料片和纸张制作的蝴蝶形象来表现橱窗的主题，魅力实足。

图 2-4-10，数码产品展示相对其他产品，如服装、首饰等更具有一种工业产品的感觉，所以，在橱窗的材料安排中，运用了轻质的塑料片或彩色纸，通过在材料上的对比处理达到一种轻盈的设计风格。

上图 2–4–11、12，两张图片展示的是不同展品用同样的形式表现的橱窗设计形式，材料一样，色彩也基本一致，但我们可以感受到这样的一种设计具有的系列、整体的风格特点。

图 2–4–13，利用半透明的纤维材料制作的富有个性特点的类似窗帘的形态，给人一种非常清新和安详的空间气氛，不失为一种具有强烈艺术感觉的展示设计。

图 2-4-14，一组非常有特点、且风格具有现代气息的展示设计，红色的色调风格体现了整个设计的主题思想，特别是在整个展会的环境中安排一些展示的小配件，更使得简洁、明快的环境中增添了无数的情感趣味，我们说作为商业展示空间设计风格追求新颖、时尚是一个永恒的流行主题，但是，我们不应该忘记在追求这样风格的同时，应更注重于在设计中的人文关怀、情感的表露以及人与人的交流在设计中的体现，因此，这组设计应该是一个比较好的展现了如此设计心情的作品。

图 2-4-15，一组有关数码产品的会展环境设计作品，其特点是看上去非常的简单，在空间的安排上也没有更多的其他内容，仅仅运用了一些与电子产品相关的视觉形象，事实上，在整个空间环境中设计师更注重的是环境给人的舒适程度，特别是在展会环境中，设计师应更关注人们的不同要求，展示最终的目的就是希望得到人们的认可。环境的舒适程度，材料的温馨，事实上也是决定设计成败的一个重要方面。

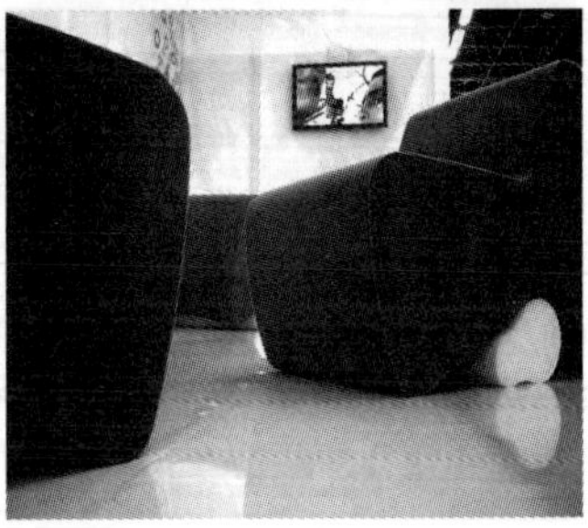

图 2-5-1、2，几何形产品的形态与简洁的背景之间产生的材质与光影的美感，很容易使人产生一种联想和视觉的记忆。

图 2-5-3，圆形的展示空间的独特创造，当你看到这样的展示空间，你会有怎样的感受和想法，它表达的是一种人与人之间什么样的关系。

5. 人文特性——材质美的奥秘

什么是材料质地之美感？回答这个问题我们应该从材料所具有的性质和其处理以后所呈现的外观形象来分析，除了材料本身的因素之外，材料所体现的一种人文气质、品位体现是一种不可忽视的重要因素。材料的美感体现，应该是材料的一定的风格和特征的体现，具有其他设计方法无法达到的视觉效果，这就是材料美感的基本概念。实际上，对材质美的探索是人们对材料在具体的媒介上体现着一种人文情感的表露，也是对美的追求的另一种极端的选择。设计师在处理和表现材料特征的时候可能以一种非常接近自然状态的方式来把材料安排在展示空间环境中，这可看做是表现材料视觉美感的处理方式，另外一种方式是如何揭示材料内在的美感。对一般人来说，长在树干上的一个结节看起来不过是一个丑陋的、不规则的疙瘩。而一个木雕艺术家却可发现这些结节是成为旋涡状纹理图形的一个非常好的基础，特别是经过设计和打磨，将具有一种独特的美的形态。这和我们现在的室内展示墙面或是家具上利用雀眼装饰板来装饰一样，选择保留一部分有结节的外表，以期待通过对比来强调材料的结构形态和色彩的自然美，使得人们有一种渴望用手指来爱抚这样的材料肌理、触摸其光滑的曲线、体验其材料结构的感觉。

图 2-5-4，柔软材料应用在空间中的展示，目的就是希望通过材料达到人与展具、环境的和谐氛围。

图 2-5-5，2010 年上海世博会波兰馆的内部空间环境设计效果，利用透明的材料来体现空间与人的沟通和一种人文环境的思想体现。

另外，任何一种材料都应具有独一无二的特质，这种特质是设计师必须理解并加以尊重的，无论他们选择强调它还是淡化它，都不能改变材料在设计中的作用。因此，展示设计更大程度上是通过设计师的创作构思和对材料的独特的理解和表现方式所决定的。我们在展示和室内设计中运用大量的木料、织物、石材、金属、塑料等天然或人造材料来显示其材料的纹理、色彩和品质，无非就是希望通过对材料的认识和应用达到设计概念上的突破。如在展示设计中运用自然材料来营造环境氛围我们把其归入体现自然、田园风格这一类，它们往往会采用天然的木、石、藤、竹等质朴的纹理、自由变化的材质来体现和表达设计的思想。事实上，绿色的设计就是希望创造自然、简朴、文雅的氛围。因此，田园风格力求表现悠闲、舒畅、自然的生活情趣就是通过材料来表达的。此外，有些设计常常会采用高技派或称之为重技派的表现形式，突出当代工业技术成就，并加强建筑形体和展示空间环境、展台等的关系，并以此来崇尚“机械美”的视觉审美特征。如设计中暴露梁板、网架、结构、材料等构件以及风管、线缆等各种设备和管道等形态，突出工艺和技术的时代特征。如在法国巴黎蓬皮杜国家艺术与文化中心、香港中国银行等案例中就有充分的表现。另外，还有叫“光亮派”也称“银色派”的风格形式，他们主要是在室内展示空间设

图 2-5-6，纤维材料那迷人的视觉形象所散发出来的精致感觉让人身处如此空间环境中产生了无限的遐想。

图 2-5-7，在建筑形态的组合环境中，简单的、明快的几何形的结构可能会对展会设计师在设计形态时有所参考和提供一些想法。

计中夸耀新型材料及现代加工工艺的精密、细致程度以及其透明、光亮的视觉效果。所以，我们在会展的展示活动中也会经常在展板、地面、墙面等大量采用镜面及平、曲面玻璃、不锈钢、磨光的花岗石和大理石等材料作为展示用材，除了有结构和形态的需要，事实上，更多的是一种设计文化的体验的结果。另外，加强在展示环境中对材料和环境的照明作用的关注，利用直射、折射等各类新型光源和灯具所形成的金属和镜面材料的烘托、木材料之哑光的效果等形成的光彩照人、绚丽夺目的展示设计效果。这些都可看做是通过材料的表现来完成的一种有意味的设计方法。当前，有一种称之为“解构主义”的展示设计风格。它是 20 世纪 60 年代，以法国哲学家 J．德里达为代表所提出的一种哲学观念，并最早在建筑和室内设计中应用，其中心思想是对传统古典、构图规律等采取否定的态度，强调不受历史文化和传统理性的

图 2-5-8，在上海世博会的意大利国家馆的会展设计中，形态与视觉简单观察的不同所形成的视觉美感。

图 2-5-9，在一些比较特殊的展示环境中，简单的、用木材制作的、明快的几个凳子可能就是展会设计师所想要告诉我们的故事，好好体会。

图 2-5-10，有时一个比较特别的影子形态，也是我们表达心中感受的元素，在展示设计中尝试利用这样的元素你将会得到意想不到的效果。

约束，提倡一种貌似结构、构成解体、突破传统形式图式，并采用不加修饰的材料应用的一种流派和观念，这对现代展示设计产生了主要的影响。同时，由于一些结构在展示的设计中还可起到安排展品布置等功能，所以又具有实际的作用和应用，受到现代设计师的青睐。

图 2-5-11，利用木材的肌理、纹样以及夸张的形态，你从中看到和感受到的是什么，是设计创造力的震撼表现，还是自然界无限宽容的气魄体现，这是这种材料所特有的性格。

图 2-5-12、13、14、15，法国汽车CITROEN公司的汽车产品展示空间，其特有的企业形象标志的重复与延伸，事实上，体现了人们对其传统和悠久历史品牌的认可的一种态度，这一点在其展示的形态表现得淋漓尽致。

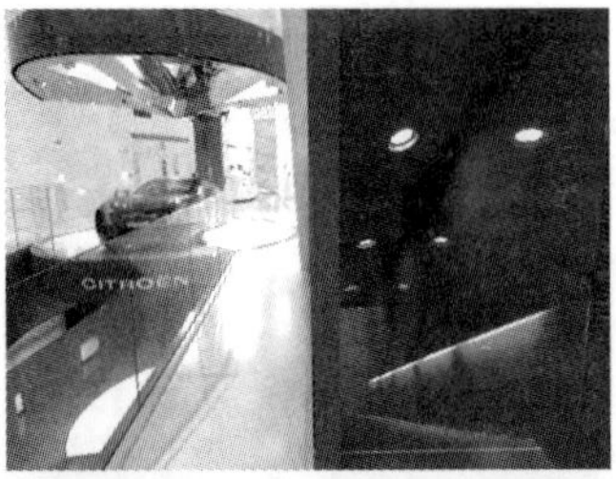

本章重点与学习提示：

对展示设计材料的体验是本章的主要内容，你可以通过该章的学习，思考一下我们通过怎样的方式来体验展示设计材料在设计应用中变化无穷的神奇力量。

第三章 展示设计材料的功能

1. 空间传达——感知材料表现

图 3-1-1，富士通家用电子产品的展示空间，通过钢结构与塑料材料搭建的形态来完成材料与结构上视觉的空间营造。

图 3-1-2，该图片同样也利用类似于铝合金的硬质材料搭建形态，但是体现的主题风格则是由于材料所呈现的视觉感受不同而有所区别的。

在展示设计以及在参观展览会时，参观者对于展品的尺度，即它的大小尺寸与周围环境的关系，以及由此诱导出来的对其空间环境所作出的反应，是吸引人们去观看的一个非常重要的因素。因此，比较小的展示尺寸吸引我们凑近去看清它的功能和形态。反之，在展示空间环境中较大尺寸的展台、展版等还能引起一种特别的情绪反应。它不仅是让观众去感知空间更可有使观众显得渺小，产生敬畏的感觉。因此，对于较小的展示设计，材料应用则更能体现材料在设计中的意义，由于我们需要比较近地去观察，所以，材料在展示设计中的运用就更具有一种亲近感和容易理解的效果。同时，材料的不同细节表现和肌理效果也可有充分的表现，当然，我们在理解空间这个概念时应该有这样的一种认识，即空间的大小、形状是与围护物材料的色彩、形态、肌理变化所决定的，正所谓"有形"的围护物使"无形"的空间成为了一个有形或称之为有意义的空间，也因此使得材料有了更好表现的可能。中国两千年前的老子曾作过精辟的论述："埏埴以为器，当其无，有器之用。凿户牖（yǒu）以为室，当其无，有室之用。故有之以为利，无之以为用。"这种理论应该是我们在空间及其围护物、材料之间最好的辩证关系。在2010年上海世博会芬兰展馆的设计中，可以感受到一种视觉上的极致体验，当你慢慢走向这座展馆，其匠心独具的鱼鳞式表面逐渐映入眼帘。整个芬兰展馆洁白而轻盈，展馆四周清风微醺，水波粼粼。一条平坦的桥通往展馆的入口。入

图 3–1–3，同样也是汽车产品的展会展示，其设计的思路非常清楚，就是扩大空间。

图 3–1–4，有机玻璃材料制作的管状结构组成展会展示的中心，再配以视觉传达形象的立体文字的设计，达到一种完整的空间表达。

口处的木质表面营造出富有魅力的遮荫效果，吸引游客迈步进入其中。冰壶厚实的围墙内，一段缓缓上行的斜坡带领游客走向展厅，展厅位于高处，环绕着中庭。从展示厅出来之后，顺着斜坡往下走便是出口，游客可以在此处购物、用餐以及参观。

另外，展示环境空间、展览道具和机具的尺度与材料的确定，可以将人体总高度和肢体某些局部的尺度作为设计的依据和标准之一。否则，也会给参观者造成不便，甚至会造成不应有的伤害。因此，展示设计中的材料应用的尺度关系应该注意以下几个方面：第一，展厅的净高一般应大于或等于 4m，过低会使观众压抑、憋闷，大型国际博览会的展示展厅最高有 8m、10m 左右。另外，陈列密度在展示空间中，展品与道具所占的面积，应该是占展览展场地面与墙面的 40% 为最佳，占 50% 也可。但如果超过 60% 时，就会显得拥挤、堵塞。如果展示的展品的体积和形态比较大时，展示陈列的密度应该更小。否则，会对观众心理造成压迫感和紧张感，是不利于参观者参观展览和对所展示的产品有良好的印象的。尤其是观众人数增加时，就有可能会引发展览会场路径堵塞或发生事故。第二，展厅的高度，一般陈列高度是根据人（观众）的标准身高尺度作为依据，展板和隔断墙的高度一般是 2.2 至 2.4m，而这样的尺寸是与目前我们大部分标准材料的尺寸相吻合的，同时也可最大限度地节约材料，所以，设计尺度与材料所规定的尺寸相一致，是非常重要的一个方面。

图 3–1–5，这是利用圆形变化的形式创造，看上去是在做平面的空间分割，事实上，是在对有限的空间进行分割的设计，具有比较强烈的视觉吸引力。

图 3–1–6，在一些专业性比较强的展会中，空间的利用和划分是通过所展示的产品、材料的选择安排与展具的形态变化来完成的。

图 3–1–7，利用天然的石块和有着结晶体材质变化的材料组合，展品在这样的空间环境中会让人产生一种非常独特的视觉效果，一种与众不同的感受。

图 3–1–8，通过展品巨大形态以及在空间环境居于中央的安排，人们的视线围绕着整个作品，因此，形成了展会的中心，收到很好的效果。

图 3–1–9，艺术品展示的空间环境，其本身就说明了只有通过如同像艺术品的创作理念和形式来思考展会的展示设计，有时候其本身就具有与众不同的新的观念和思想，“像艺术家一样去思考”做设计，会收到意想不到的效果。

图 3—1—10，在一个非常肃静的白色环境中通过形态的异形和材料表面的肌理效果突出设计的思想，鲜明的展品的安排来拉近空间的距离，所展示的内容又是非常的清晰。

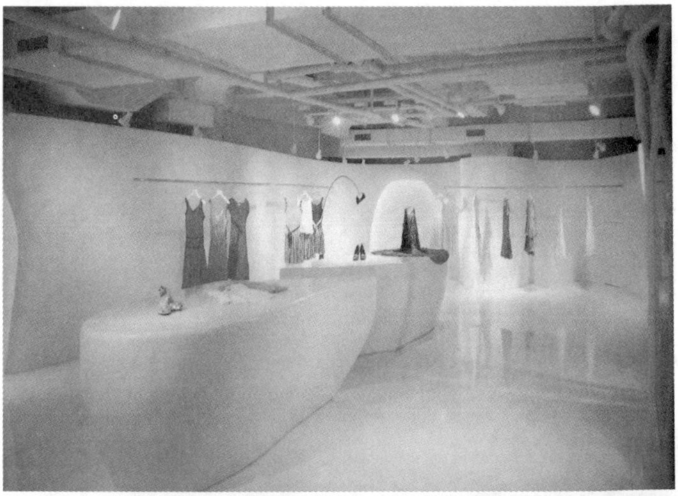

图 3—1—11，利用玻璃镜子这种具有重复形态、光挺的材料来达到的空间延伸的视觉效果。

图 3—1—12，高大空间与相对较小的展品的展示，空间对比的效果，既可以突出空间的高大，又可达到展品的视觉集中效果。

图 3—1—13，利用纤维材料的通透、明澈和材料的肌理特点，除了具有空间展示的意义更具有艺术的氛围。

图 3–1–14，“悬于空中的建筑”，利用纤维柔软的材料性格，营造展示空间，特别适合于展示当代比较前卫性的艺术展览，地面如此的朴素更是体现材料的个性，艺术上的人文追求。

图 3–1–15、16、17，这三张图片是同一地点环境空间的展示设计，我们可以看到结构的形态在富有张力的弯曲和夸张的语言中让我们感受到了空间的有序安排和无限内涵的美的延伸。

图 3-1-18，这是瑞典－斯德哥尔摩 2008 家具展会上 SWEDESE 家具品牌的展区，利用通透结构的展具既可以做到空间上的划分又可以提高空间的利用率，特别运用了木质材料做白色油漆的效果与空间较深的背景色调形成非常好的空间距离关系。

图 3-1-19，同样也是瑞典日斯德哥尔摩 2008 家具展会上 SWEDESE 家具品牌的展区，利用制作成树木形态的展具，既有家具产品的象征意义又有在不同的空间作为分割的作用。

图 3-1-20，办公空间的展示效果，利用空间的分割，设计形态与轻薄的木材的利用，给人感觉到人与人沟通的最大可能性。

图 3-1-21，这是利用天棚的镂空的造型形态来扩大原本比较拥挤的小空间并运用金属片状材料制作，考虑到轻质材料和视觉上不会过于有压迫的感觉。

2. 材料与形态——长方形、棱形、曲形等

材料的形态某种意义上是体现设计师的设计想法的重要内容，材料、质感、工艺、肌理、形态、空间、环境这些因素在发生作用的过程中，你会发现有着无穷的变化魅力，特别是材料形态发生改变和出现一系列变化时，这些原来被界定了的形态、形式产生了语意上的丰富变化，如长方形、棱形、曲形中发生的材料皱褶、凹凸、突陷、不平整的起伏和折痕等，都会让你长时间留足去观赏和近距离地触摸它，甚至通过每个人不同的感受自己动手去尝试“构建”和“重组”，是一个其乐无穷的事情。我们讨论所说的材料与形态、环境、空间关系，除了对不同材料的特点考虑之外，更多的是考虑与之相协调的形状因素，达到材料的完美表现效果，事实上离不开对材料形态的设计。展示活动中的每一个展示设计部分的考虑，材料与形态的关系以及他们所特有的性格和表现力是重要内容，并且，这在近年展示设计中设计师所非常关注的课题。因此，对材料应用的工艺技术、加工手段等有初步的了解，也将更有助于对展示设计的新形态、新思维形式形成的过程，更好地表现材料在展示设计环境中的正确、合理、客观。在传统的设计意义上，材料与形态的这些关系表现有一定的设计原则。如，空间形态设计中的重复、变化、节奏、平衡、强调、简约、比例等，这些都是构建空间展示设计的一般方法。在设计中把材料的应用方法考虑进去，这些形态就可能会发生意想不到的效果。因此，许多设计师更是有意和无意地将这样的方法表现在室内空间环境的设计中。

图 3-2-1，2005 年日本爱知世博会的外观展示形象，软膜塑料材料的运用给整个展会增添了无数的色彩。

图 3-2-2，2005 年日本爱知世博会的菲律宾展馆的外观展示形象，铝板材料的运用，体现了一种钢挺的视觉效果，金属材料与形态的完美结合。

图 3-2-3，世界顶级汽车之一品牌“MAYBACH”的展会展示效果，驻守着自己品牌一贯的风格，简朴、大气和光挺材料的应用，没有过分的修饰，以突出所显示的商品的价值。

图 3-2-4、5、6，韩国 2005 年光州设计双年展的作品与展示环境，曲与圆的结合，金属材料结构框架和柔软的面料的结合是其最大的特点。

图 3-2-7，鹅卵石与轻薄纤维材料的对比，同样是形态上的圆形，但通过材料的不同比较你就不会感觉到形态相同性的单调。

图 3-2-9，这是一个利用塑料片来完成的模型作品，单一的材料选择所给我们的视觉感受就是纯粹的形态的变化所给人的美感。

图 3-2-10，设计基础课程中我们常常会利用立体构成的某部位的形态来思考一些展示设计中形态与材料之间的关系。

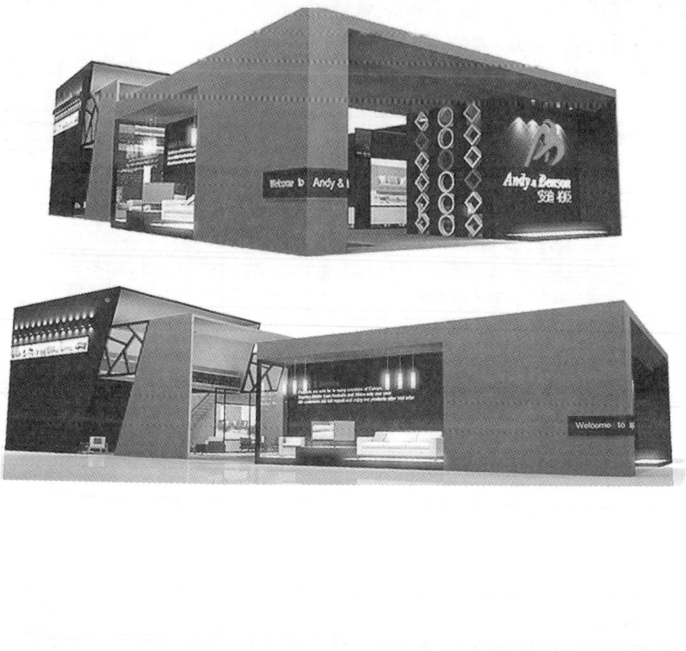

图 3-2-8，局部的材料变化再加上色彩上的变化就可以在一些比较规则的展会展示得到良好的效果。

图 3-2-11，一组学生的课程作业，利用塑料板、KT板、有机玻璃（透明或不透明的）和其他材料综合地完成商业空间展示效果。

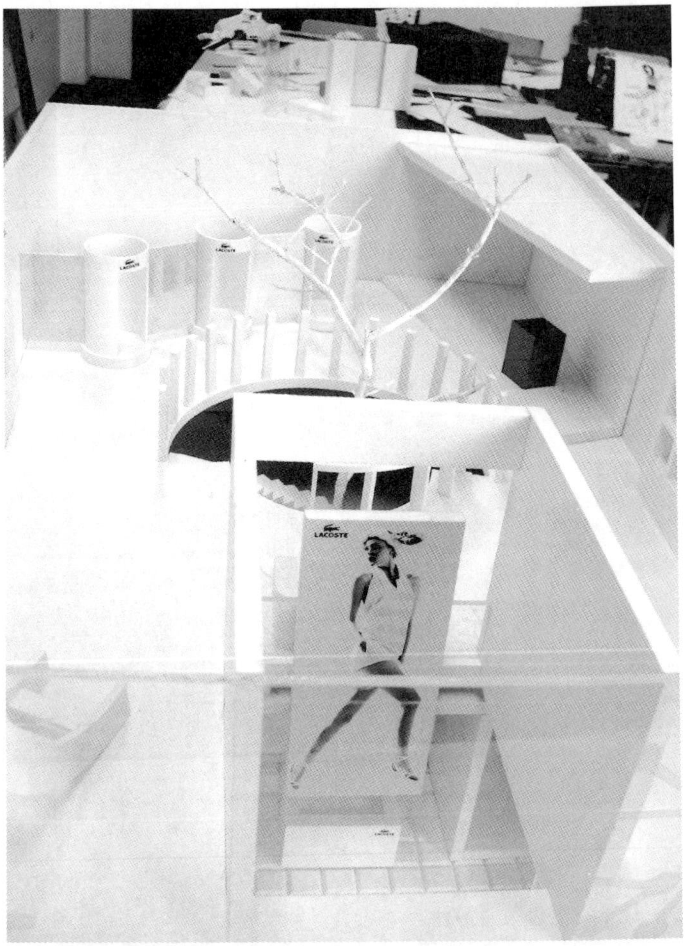

图 3-2-12，在有机玻璃上雕刻图形和文字是比较可行的方法，既可以有展示形象的表达又有通透的空间效果。

图 3-2-13，完全利用KT板设计制作的展会模型效果，相对要专业模型板材制作来说展示效果就差一些。

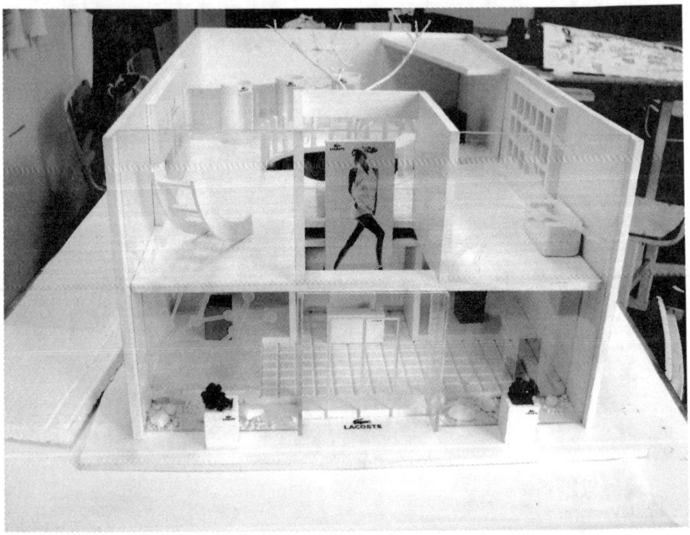

图 3-2-14，学生利用有机玻璃和KT板等材料制作的展会展示课程训练的作品。

3. 材料搭配
—— 视觉效果、搭配设计原则

我们所说的视觉吸引是通过我们在展示空间环境中的材料搭配的设计，尤其是材料搭配的设计原则的应用达到出奇制胜的效果，从某种程度上说，人们探究和欣赏展示空间环境设计、创意是否成功的一种方法，除了在设计中体现文化的一种修养和视觉上的效应，更需要通过一种媒介来体现这种思想。这就需要通过不同的材料与不同的设计来实现，如，几何形态的展具如选用金属板、玻璃和木材等来营创展示空间，那金属材料与几何形的形态之间给人们的视觉感受就是一种工业革命所带给我们的坚强、刚毅和牢固的感受，而展示空间环境设计就需要有这样的一种体验，把设计审美形式、材料、工艺技术和设计理念结合运用来完成一种新的设计。

在选用材料与材料的搭配时，我们一般需要遵循这样的一个原则或方法：要么将材料精雕细琢，非常具体地告诉人们它看起来像我们视觉经验得到的形象的再现；要么强调展示材料本身的性质和原始特性，使作品完全脱离我们的视觉经验的印象，产生丰富的想象空间。无论用哪种方式，每种材料的特性、材料的搭配以及与设计思想的吻合则都是设计师必须加以重视的。因此，在本章节中所选的图片都是希望通过视觉的形象来说明这种原则和方法在实际应用过程中的变化和表现。

图 3-3-1，在展示设计的过程中，通过设计较大形态的展具来体现某个主题思想，特别是图中醒目的红色加上其庞大的体态更能表达“日立”的企业精神。

图 3-3-2，在比较狭小的空间中可以通过一些图片的展开形式来表现整体展示主题。

图 3-3-3，金属材料制作的框架和用较粗的麻绳制作的虚拟墙面的搭配，一硬一软的对比中隐含着丰富的内涵。

图 3-3-4、5、6，一组利用竹材料设计营造的展示空间，从图片中我们可以看到洁具浴盆的展示环境，梦幻般迷人的色调让人们从竹子的文化氛围中产生丰富的想象。

图 3-3-7，利用马赛克材料设计营造的展示空间，从图片中我们可以看到整个展示环境具有梦幻和独特的迷人异国情调，让你感受到一种异国文化的氛围。

一个设计师的创作意图或许是要逼真地再现某个物体，另一个设计师可能是想揭示某种材料的纯粹形式所蕴含的美。有时设计师还会以其巧妙的实际肌理的刺激、借助视错觉使观者感到展会环境的无比奇特效果。这种意图的表达无疑会极大地唤起人们对材料的不同心理情绪和展示空间环境中材料所释放的视觉效应，这些效应的出现应该说都应归功于我们对材料的搭配与形态关系的合理应用。

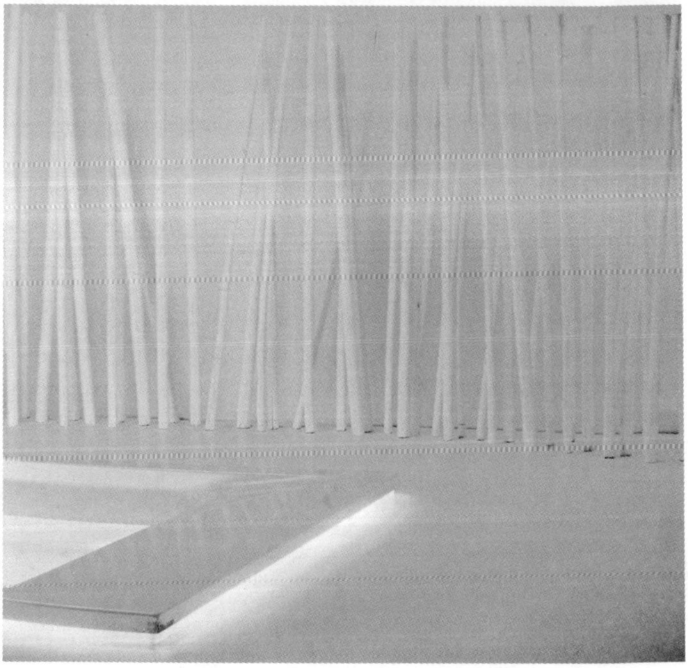

图 3–3–8，利用同一形态而不同形象内容的背景创造的空间展示效果，周围灰暗的色调与之搭配，更能体现所展示的产品。

图 3–3–9、10，非常光挺的展会展板设计加上墙壁上的喷绘图形的运用是现代风格的突出体现。

图 3-3-11、12，古老的墙壁形态散发着古老的历史沧桑感，现代风格的图形与浓郁的色彩让人看到了复苏的新生命的迹象。

图 3-3-13，纤维材料制作的夸张植物形象在创造一种具有浪漫情调的环境。

4．设计材料运用之差异的评价
—— 实例分析、评估

一切设计形式的变化皆萌发于设计师的头脑中的丰富的想法，并通过所展示的材料媒介之间的交流和对话而得以展开。要将这种想法变为现实的展示作品，就需要创造出新奇的具有一定的美的设计形式，就需要处理好材料在运用过程中的一些技术性的细节。事实上，每个设计方案的形成都是经过比较具体的材料应用并加以技术工艺的考虑才得以在展示活动中体现的。例如，大型展会设计选择材料时，通常会选择一些钢结构与玻璃材料的结合，而非选择天然材料，原因是玻璃材料看起来更具有现代感，玻璃表面具有的光线的通透、明亮感觉可以更好地体现大的空间，钢结构本身对大型的空间具有更好的技术支持。对于这个方面的论述，闻名于世的世界顶级品牌设计师意大利著名产品设计及生产公司总裁吉欧里奥·卡普里尼（Giulio· Cappellini）是这样说的："什么样的设计称得上优秀，有的设计生命只有3年，有的设计生命可以保持20年甚至更长。我的概念是，着眼于未来，在今后很长一段时间内都能够保持旺盛生命力的设计才是好的，一件作品现在是否能马上被接受并不重要。"言下之意是设计作品的成功并不是一下子就可确定的。这包含着很多的可变因素，设计应该着眼未来，是需要有一个与众不同的创意，在这个创意中融会了设计师各方面的知识和经验，这包括了准备采用什么材料来表达主题（即材料与主题的协调）、加工材料所采用的工艺与材料的协调、主要材料与辅助材料之间的协调，同时还要考虑协调之间形成的差

图 3-4-1，纯艺术展会上的空间安排和设计都是基于对作品的解析和观赏的目的，所以，在展示的形式方面也显得比较开放和没有固定不变的规律。

图 3-4-2，上海莫干山路上的一个艺术展会上所展示的环境艺术作品，利用自然的树木形态安排在一定的空间环境中，给人一种莫名的思考冲动。

图 3-4-3，玻璃镜框作为展示的材料，考虑到了形态之间的材料变化处理，这样的结果是比较容易清晰地表达展示主题内容的。

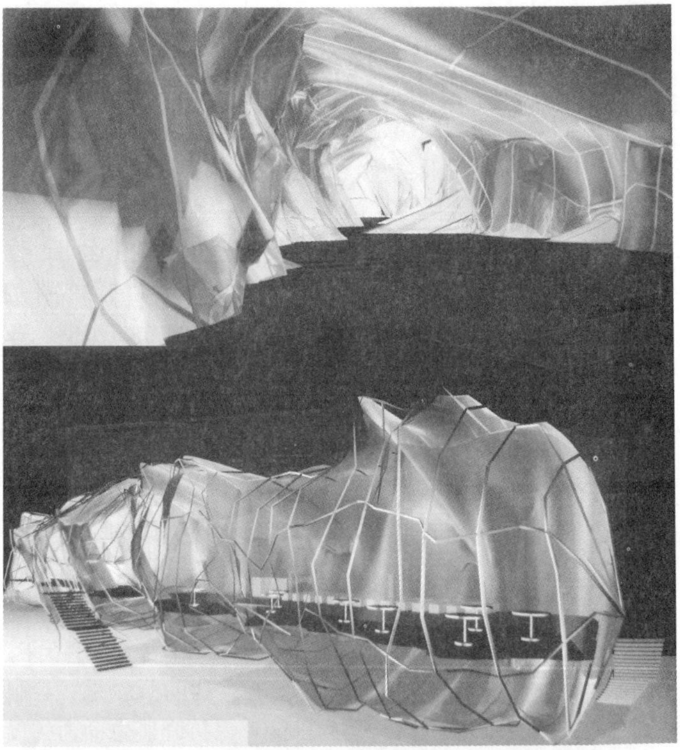

图 3—4—4，设计中通过三维建模的方式去观察其是否符合设计师的思想和展会环境的实际要求，从而得到一个更为精确、合理和美观的设计方案。

图 3—4—5，整个墙面的真实形象与虚拟形象的结合展示，虽然这已经不是新的手段，但是，在这样的环境展示中能显示出空间的丰满。

图 3—4—6，整个墙面的肌理材料选择和现代技术的运用都希望具有一种象征的意义，可以看做是自然、人与物的对话和交流。

异所带给我们的视觉形象。完成一件成功的作品，需要前期投入大量的时间进行每一个步骤的分析研究，特别是对材料与形态直接关系的研究，在后期做大量的实验性的尝试并对自己的设计作自我评价，这些经验以及过程是当今的展示设计师必须要学习的内容。

图 3-4-7，平面形式电视墙的处理，这是现代展会设计中比较常见的形式，与展示视觉平面形象设计的编排要求非常吻合。

图 3-4-8，这是一个汽车展从室内空间看出去的展会结构，彩色的铝合金材料与彩色塑料片的搭配，看上去非常统一和协调。

图 3-4-9，这是日本某地铁站的出入口展示设计，运用了网状不规则的形式安排，彩色塑料管和灯光的整体效果，独特而富有变化。

图 3-4-10，图片中的三张不同形式，片网状形态、纯粹线条形式和线条的不规则的形式在空间环境中的安排，特别是与灯光的整体搭配效果，更彰显一种独特而富有变化的展示氛围。

本章重点与学习提示：

关于材料的功能特点是展示设计中一个重要的内容，在如此众多的材料中你是如何去感知材料表现形式和方法，尝试去理解材料搭配在展示设计中的作用和重要性。一切设计形式的变化皆萌发于设计师的头脑独特的想法，有了想法就需要有一定的材料或形式来达到和完成这样的想法，你可以在展示的设计课题作业中尝试去体会这样的感受。

第四章 展示设计材料的应用

21 世纪的展示设计不再是纯粹的企业宣传和设计形态之间的艺术风格的展示，设计师需要与技术专家以及其他行业专业人士共同工作，以展示空间环境设计形态方面的多样性、时代性、艺术与技术结合的时代潮流。而为了表现风格和时代的需要，设计师们将会更加关注生活，关注媒体信息，积极回应新材料、新技术的发展，从中获得展示设计的灵感。一方面，新材料的发明以及建造技术的完善推动了现代设计与展示设计风格的变化与发展；另一方面，这样的一种趋势使得在展示设计中更加重视体现展示材料各种各样的形式美感，这种美感的表现也是设计审美与风格对时代特征的直接反映。因此，当今的设计师在材料的使用上更为大胆和富于创新，许多中外设计师在努力尝试新的材料构造方式，通过简洁的材料、内外的特性组合来反映丰富而多变的视觉感受，并结合时尚的影响与多媒体技术的运用，将看似普通的材料以其新颖的设计构造形式赋予材料新的生命，这些都可视为当今展示设计的风格趋势和时代明显的特征。

图 4–1，在展台的中心位置安排玻璃材料，是汽车展示比较常用的全方位展示处理。

1. 硬质材料

(1) 玻璃材料

玻璃是一种较为透明的液体物质，在熔融时形成连续网络结构，冷却过程中黏度逐渐增大并硬化而形成的一种不结晶的硅酸盐类非金属材料。普通玻璃是由化学氧化物组成的，主要成分是二氧化硅。广泛应用于建筑物的采光、室内环境装饰，并用来隔风、隔热、透光、隔音等。玻璃简单分类主要分为平板玻璃和特种玻璃。不论是大型展示空间还是小型室内环境中玻璃的应用非常广泛。由于其通透的性质和较坚固的形态，成为了展示空间设计中不可缺少的材料之

图 4–2，作为汽车展的展示中心效果，雪铁龙车展中心区域地面玻璃材料的运用，明亮的底光视觉效果使得所展示的空间环境形态结构清晰、明快。

图 4–3，SONY 公司的展会一直是非常具有创造性的设计，金属结构为主的展会风格是体现其产品现代感觉的最好的阐释。

一，因此，在展览的展板、展柜、展台以及其他的一些展示道具都会大量运用玻璃这种材料。事实上，玻璃已成为实现设计师构思和视觉想象的最佳材料之一，因为没有哪种材料具有像玻璃那样的性能：透光、透明、折射、反射、多色、光亮、表面图案的多样、形状加工多样、玻璃安装结构的多样性，等等，不仅如此，玻璃在环境、空间的审美装饰特性也是体现设计最佳的表现语言，灵活、变化、动态美感和充满着生命活力的象征，以及它在自然光线和人工光线的辉映结合中，能使在展示环境中的展物更显得色彩斑斓、光辉照人。应该说，没有哪种材料具有如此大的魔力，没有哪种材料使建筑、室内、展示设计师如此得心应手驾驭和应用它。另外，作为集形、色、光于一体的特有的材料，在与其他的材料结合运用时其效果将更能体现材料的特色，如，通过材料与材料的通透特征和不透明的特征，形成一种视觉上的对

图 4–1–1，玻璃的透明感使得空间相对扩大了许多。

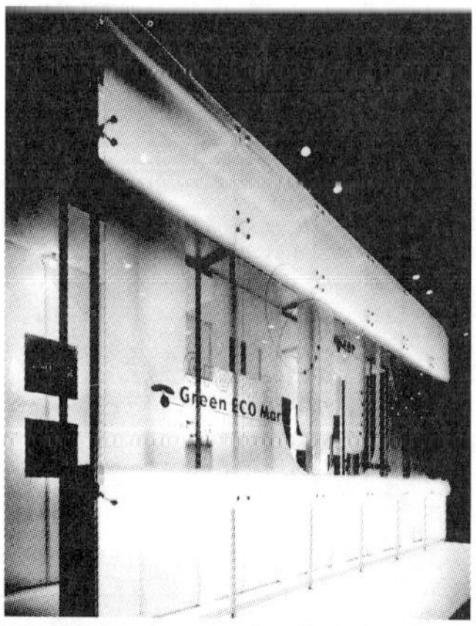

图 4–1–2，支点式玻璃幕墙的形式在展会设计中的运用。

图 4–1–3，彩色玻璃具有的独特形式美感使其他的色彩表现黯然失色。

比关系，使得在展示设计中达到通过材料自身特色提高艺术感染力。玻璃在高温的状态下极具延展性，但冷却后变得很坚硬。尽管玻璃这种透明美丽之物非常容易破碎，但是生产玻璃制品已有数千年的历史了，这么多年的历史告诉我们这是人们追求光明的历史。人们最早制造的玻璃是只透光而不透明的，原因之一是玻璃的表面非常粗糙，凹凸不平。后来为增加玻璃的透明性，人们花大力气将玻璃的表面研磨、抛光，但也只能得到半透光半透明的玻璃，那也曾使人们欣喜若狂，因为它使人们的建筑通透明亮，它不仅将大自然的光芒引进我们的建筑，也将人们的视线从室内引到室外，展现在人们面前的窗子，恢复了真正窗子的含义。随着工业技术的进步，人们又发明了玻璃的平拉法、引上法，使得玻璃变得越来越纯净、越来越透明。现代化的玻璃生产工艺已将玻璃的透明性达到了极点。在某种意义上可以说，玻璃的发展历史就是追求玻璃纯净、透明的历史。玻璃的透明性不仅给人们创造出明亮的光环境，还给人们带来了视觉的通透，空间的延伸，建筑内外的融合，使人们有一种身在居室，却沐浴在大自然的感觉。这是其他建筑材料都无法替代的。在室内展示空间环境中应用最为广泛的玻璃种类有以下的几种。

① 平板玻璃

平板玻璃从工艺加工上主要分为三种：即引上法平板玻璃（分有槽和无槽两种）、平拉法平板玻璃和浮法玻璃。由于浮法玻璃厚度均匀、上下表面平整平行，再加上劳动生产率高及利于管理等方面的因素影响，浮法玻璃已经成为目前玻璃制造工艺方式的主要生产方式。

图 4-1-4，平板玻璃的浮法生产工艺。

图 4-1-5，不锈钢支架和玻璃的搭配运用是比较常见的展会展示形式，把原本如同建筑之实体的结构变得具有一定的空透的视觉效果。

图 4-1-6，玻璃在室外的运用非常广泛，这是由其材料所决定的。美国华盛顿的玻璃博物馆就是希望在外部空间环境来构创玻璃的世界。

图 4-1-7、8，一组在美容美发室内环境中的玻璃以及镜子的应用，通透、明快和具有时代感觉的特点是其设计的主题表达。

一般我们对玻璃的厚薄通常用 mm 为单位，即在日常生活中称为“毫米”。我们所说的 3mm 玻璃，就是指厚度 3mm 的玻璃。这种规格的玻璃主要用于画框表面。

5 ~ 6mm 玻璃，主要用于外墙窗户、门扇等小面积透光造型等。

7 ~ 9mm 玻璃，主要用于室内屏风等较大面积但又有框架保护的造型之中。

9 ~ 10mm 玻璃，可用于室内大面积隔断、栏杆等装修项目。

10 ~ 12mm 玻璃，可用于地弹簧玻璃门和一些活动人流较大的隔断之中。

15mm 以上玻璃，一般市面上销售较少，往往需要订货，主要用于较大面积的地方。

② 钢化玻璃

钢化玻璃，是普通平板玻璃经过二次加工处理而成为一种预应力玻璃。钢化玻璃相对于普通平板玻璃来说，具有两大特征：其一，钢化玻璃的强度是普通平板玻璃的数倍，抗拉度是后者的 3 倍以上，抗冲击是后者 5 倍以上。其二，钢化玻璃不容易破碎，即使破碎也会以无锐角的颗粒形式碎裂，对人体伤害大大降低。钢化玻璃又称强化玻璃。它是利用加热到一定温度后迅速冷却的方法，或是化学方法进行特殊处理的玻璃。它的特性是强度高，其抗弯曲强度、耐冲击强度比普通平板玻璃高 3 至 5 倍。安全性能好，有均匀的内应力，破碎后呈网状裂纹。主要用于门窗、间隔墙和橱柜门。钢化玻璃还耐酸、耐碱。一般厚度为 2 至 5mm。其尺寸规格为 400mm×900mm、500mm×1200mm。

图 4-1-9，NISSAN 汽车的展会环境运用竖立的玻璃片组成的构成形式，除了形成空间的分割同时又考虑了空间的通透感受。

图 4-1-10、11，在室内空间环境中运用玻璃，由于结构与玻璃的种类不同所产生的效果是完全不同的，从这两张作品中我们可以感受到这样的特征。

③ 彩绘玻璃

彩绘玻璃是一种应用广泛的高档玻璃品种。它是用特殊颜料直接着墨于玻璃上，或者在玻璃上喷雕成各种图案再加上色彩制成的，可逼真地对原画复制，而且画膜附着力强，可进行擦洗。根据室内彩度的需要，选用彩绘玻璃，可将绘画、色彩、灯光融于一体。如复制山水、风景、海滨丛林画等用于门庭、中厅，将大自然的生机与活力剪裁入室。

④ 玻璃空心砖

玻璃空心砖的制作工艺基本和平板玻璃一样，不同的是成型方法，其中间为干燥的空气。多用于装饰性项目或者有保温要求的透光造型之中。

⑤ 艺术玻璃

艺术玻璃的品种比较多，它是基于一般的玻璃形态上做的一些材料、肌理、形式的变化的一种特有的玻璃。

磨砂玻璃。它是在普通平板玻璃上面再磨砂加工而成。一般厚度多在 9cm 以下，以 5 或 6cm 厚度居多。

喷砂玻璃。性能上基本上与磨砂玻璃相似，不同的改磨砂为喷砂。由于两者视觉上类同，很多业主，甚至装修专业人员都把它们混为一谈。

压花玻璃。是一种采用压延方法制造的平板玻璃。其最大的特点是透光不透明，多使用于洗手间等装修区域。

图 4-1-12、13，以上是一组玻璃砖的结构形式和应用在环境和空间中的效果。

图 4-1-14，法国巴黎卢浮宫广场建筑上的玻璃应用，很大程度上体现了设计师的艺术风格的追求和表达。

(2) 金属材料

展示设计中对金属材料的应用主要有铁材和钢材两种，根据形式不同又可分为：按材料形式有厚薄铁板、镀锌白铁皮板等。线材：不同规格的铁丝。型材：角钢（三棱、四棱等）、工字钢、槽钢（做大中型结构）、方钢、扁铁等。管材：分为无缝管（成本较高）、焊接管、薄壁圆管等。这些金属材料基本上是作为制造结构形态方面的基础材料。从种类上又可分为钢筋、钢丝、桁架（圆管或方管加上钢筋）型材等。因此，在展示设计中应用金属材料非常广泛。其一，金属材料和所组成的形态结构是在环境展示空间中起到一个承担重力、完成结构与形态的稳定性和安全性的作用。其二，金属材料和由材料形成的结构、色彩、肌理在美学意义上提供了一个新视觉美感的设计理念，形式的变化的表达语言。同时，还可通过材料体现社会、时代文明的进步和经济发展的状况。我们从 1851 年的伦敦世博会和 1889 年的巴黎世博会的展览场馆的设计就可感知到金属材料对当时社会的影响和体现一种工业化发展的程度。另外，随着社会经济的发展，金属材料的应用技术的提高，由此所带给我们的新的结构形态的实现以及产生的各种各样的形态美的感受，设计师的设计灵感也得到了更大程度上的施展和发挥，这就是在越来越多的展会环境中感受到的金属材料运用在环境展示空间中的魅力所在。

下面是几种不同性质的金属材料的介绍：

① 普通钢材

是室内外空间环境装修中强度、硬度、韧性最大的一种，作为在展示设计装修中承担结构材料和装饰面材，形态和色泽是钢材的最大特色，金属材料的时代感、华丽、优雅和古朴厚重的视觉效果是很多设计师所喜爱的材料之一。

② 铝材

铝属于有色金属中最轻的金属，色彩为银白色，其基本的形态一般为板材、型材，在铝中加入其他的金属元素组成铝合金，可以制成平板、波形板、压型板等，表面光洁、光泽中等，并耐腐蚀性强，特别是经阳极化处理后更耐久。其特点是比钢轻、价格便宜。

③ 合金结构钢材

在普通碳素钢基础上添加适量的一种或多种合金元素而构成的铁碳合金。根据添加元素的不同，并采取适当的加工工艺，可获得高强度、高韧性、耐磨、耐腐蚀、耐低温、耐高温、无磁性等特殊性能。

图 4-1-15、16，这是同一设计不同角度所拍摄的照片，之所以选择不同的角度，目的就是可以比较清楚地了解到材料在不同角度的应用所呈现出的不同视觉感受，远处的金属材料的真实感和近处材料肌理给人们的亲近感。

④ 不锈钢材料

在展示设计中不锈钢材料的应用已经越来越广泛，特别在展示的施工中，不锈钢材料具有不易生锈、耐腐蚀性能好、韧性大、强度高、表面光感好、具有非常好的反射效果等特点。按材料的形式，主要分为板材、白板、钛金板、拉丝板、镜面板、亚光板、线材、圆管、方管等。

图 4-1-18，玻璃和金属结构形式的空间具有非常强烈的时代感。

图 4-1-17，利用模拟金属材料的塑料片设计的商业空间环境的效果。

图 4-1-19，同样是整个空间环境中运用金属结构形态来作为展会展示，空间视觉效果显得非常大气和张扬。

图 4-1-20，利用金属材料制作的壁画作品来获得华丽、传统、文化的风格体现。

(3) 石、陶、砖等材料

我们通常所说的天然石材主要包括：花岗岩、大理石、青石、毛石、鹅卵石、雨花石、马赛克等，随着人们审美水平的提高和社会经济生活的不断进步和发展，原来用在室内外公共环境中的天然石材和人造石材也在逐渐应用到会展展示空间中，其原因是人们对展示的设计要求的提高、追求设计的艺术价值取向和品位的提高有关。因此，对材料的选择也就成为了非常关键的一个方面，特别是在一些特定的公共展示环境或特定的会展空间设计中，如果我们设计不从材料上有所突破，而仅仅在造型、图案和安排上作一些设计思

图 4-1-21，大理石材料作为面积比较大的铺设，除了有一种重量感之外，还有材料的肌理变化，特别是与其他的软质材料形成对比关系的时候。

图 4-1-22，新型马赛克材料的样式非常具有装饰的效果。

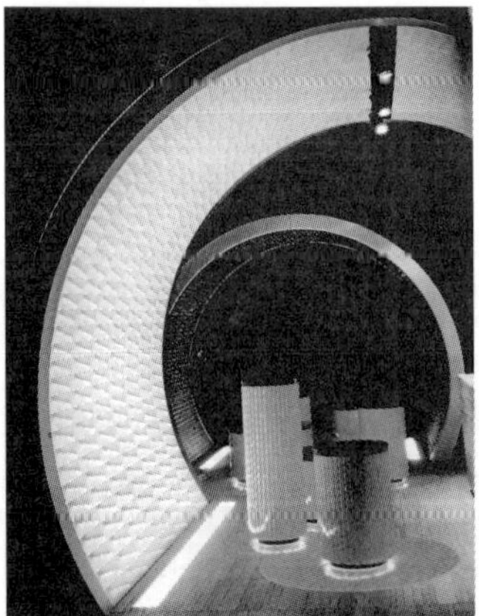

图 4-1-23、24，强烈的视觉效果来自于材料的应用和材料中色彩的搭配。

考，那新的思想和形式以及体现对时尚文化的追求也就无从谈起。所以，我们说展示设计中材料的应用应该是一种对艺术和技术追求的文化品位。我们在展示设计中常常会看到设计师选择各种各样的天然或人造石材来营造一种展示空间环境的艺术氛围，这样的选用既有着设计形式上的考虑更有着艺术品位的追求，还有着绿色环保的理性思考，这样的设计越来越受到人们的青睐和重视。在我们当今的展会，展示设计的面板、展台、道具以及地面，利用天然石材所具有的优势和特点展现得尤为突出。

在展示空间中，我们一般选用陶瓷面砖、陶瓷饰面板、装饰琉璃制品等陶瓷材料。其中，陶瓷面砖又包括外墙面砖、内墙面砖（釉面砖）和地砖等。它们强度高，耐磨性、耐腐蚀性、耐火性、耐水性均好，又容易清洗，不褪色，因此广泛用于墙面与地面的装饰。陶瓷饰面板是一种大面积的装饰陶瓷制品，它克服了釉面砖及墙地砖面积小，施工中拼接麻烦的特点，装饰更逼真，施工效率更高，是一种有发展前途的新型装饰陶瓷。装饰琉璃制品是一种低温彩釉建筑陶瓷制品，既可用于屋面、屋檐和墙面装饰，又可作为建筑构件使用。主要包括琉璃瓦（板瓦、筒瓦、沟头瓦等）、琉璃砖（用于照壁、牌楼、古塔等贴面装饰）、建筑琉璃构件等。具有浓厚的民族艺术特色，融装饰与材料结构件于一体，集釉质美、釉色美和造型美于一身。我国近年来还开发研究并生产了一系列新型建筑陶瓷产品，如无硼－锆釉面砖、陶瓷彩色波纹贴面砖、彩色花岗岩釉砖、黑瓷装饰板以及一些利用工业废渣生产的建筑陶瓷制品等。当今各种趋势是规格大型化、形状多样化的瓷砖将愈来愈时兴、被人们接受，从而取代原来的小块瓷砖。陶瓷材料因其高雅的格调、质感细腻，正成为国内外展示设计包括建筑、室内设计环境装饰材料的时尚。

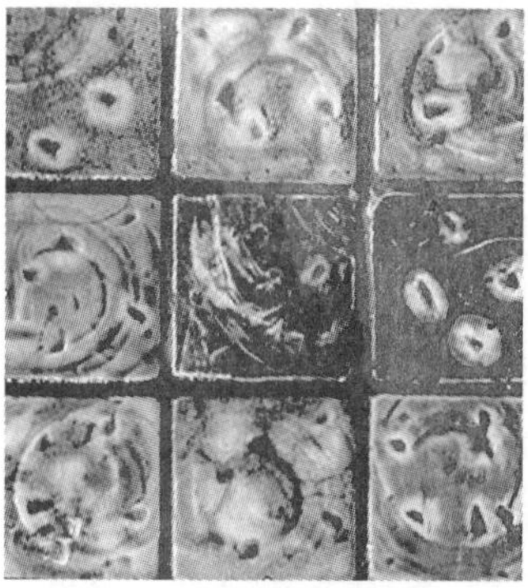

图 4-1-25，陶瓷马赛克材料的应用非常具有一种古朴的视觉感受。

图 4-1-26、27，在书展的空间中运用了马赛克铺设效果，具有一种与众不同的另类感觉。

图 4-1-28，在公共空间环境展示中，陶瓷马赛克材料的应用和装饰，在了解陶瓷材料的特性的基础上把握其形态与色彩运用的关系是非常重要的学习内容。

本节重点与学习提示：

本节的重点内容主要是论述材料的不同种类和应用的特点，对一些我们经常会在展示设计中应用的材料作了分析和介绍。通过该节的学习引导学生从不同角度分析材料的结构、形态、色彩等特性，了解和学习改变材料形态的手段。

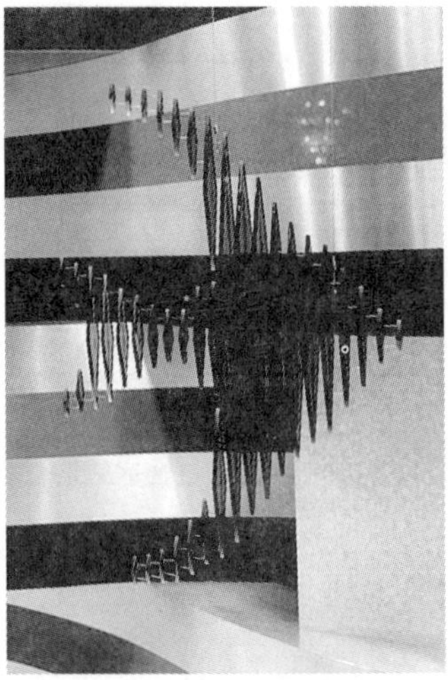

图 4-1-29，在日本东京银座CORE橱窗展示设计中，运用塑料制造的鱼的形态，材料的色彩与肌理效果非常的突出，充分展现了构成设计中渐变排列的次序美感。

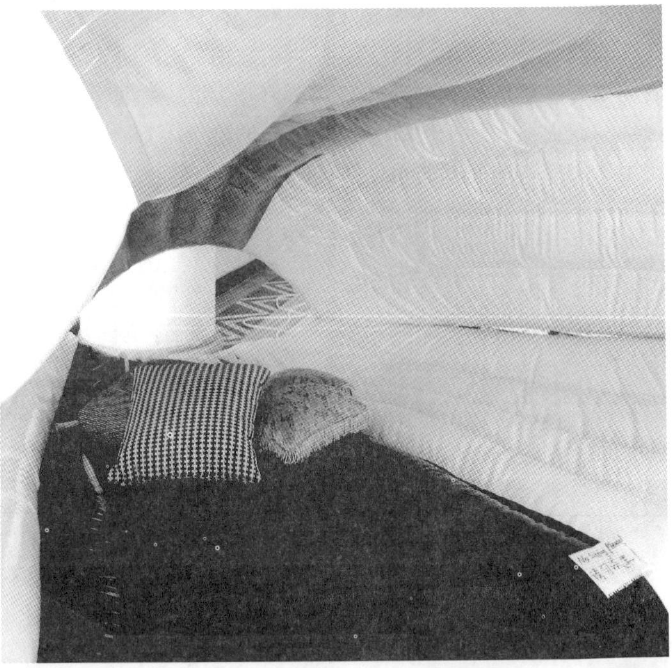

图 4-1-30，在上海设计展会上展出的利用充气塑料制作的空间环境，就是希望通过材料所提供的一种自然形态效果和柔软感，让人们身处自然与环境的对话氛围中。

图 4-1-31，在上海宜家商业展示空间的安排中，运用一组红色的放置塑料袋的产品，利用其具有的排列整齐、形态统一形象作为空间的展示，就是希望通过材料与形态之间形成的一种视觉上的设计安排。

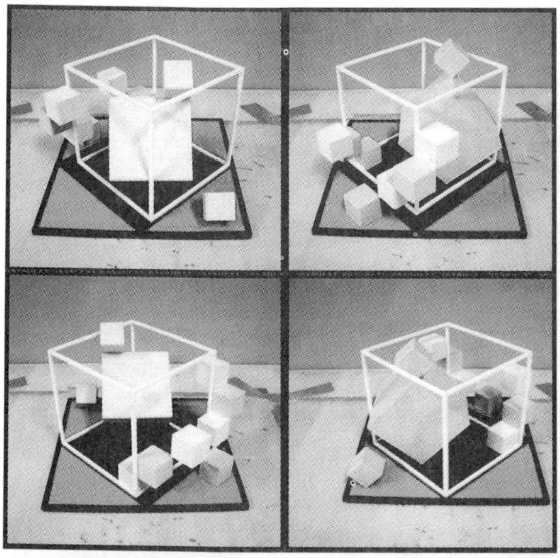

图 4-1-32、33，一组学生在利用不同的材料完成的作业，在几何形态的成形过程中，充分发挥材料的优势是训练的目的。

图 4-1-34，学生在墙面利用不同色彩和肌理的塑料材料完成的几何形态组合效果的训练作业。

图 4-1-35，柔软的材料肌理和给人们的视觉效果，通过光线的设计，达到相同材料但有不一样视觉效果的作用。

2. 合成材料

(1) 工程塑料

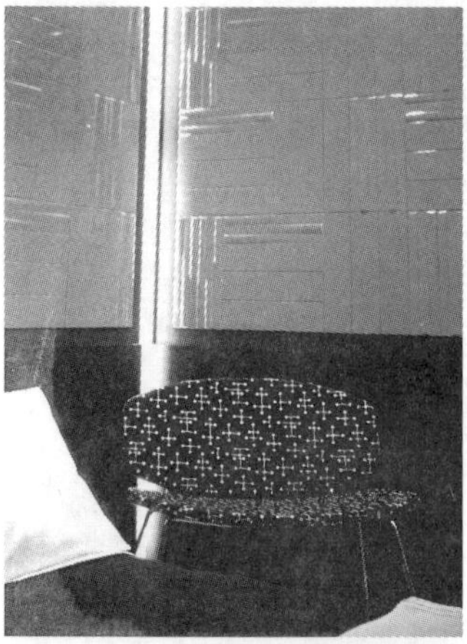

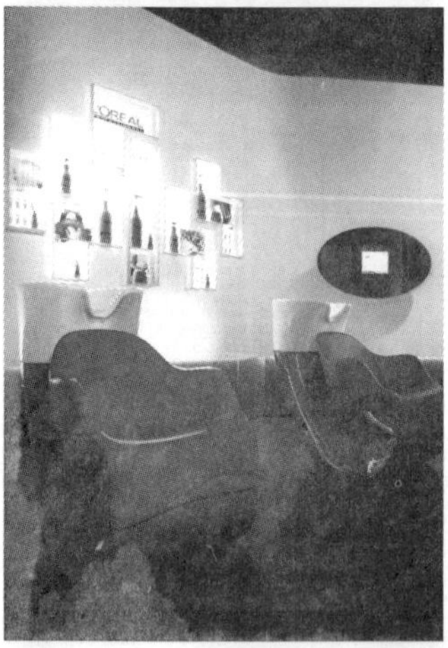

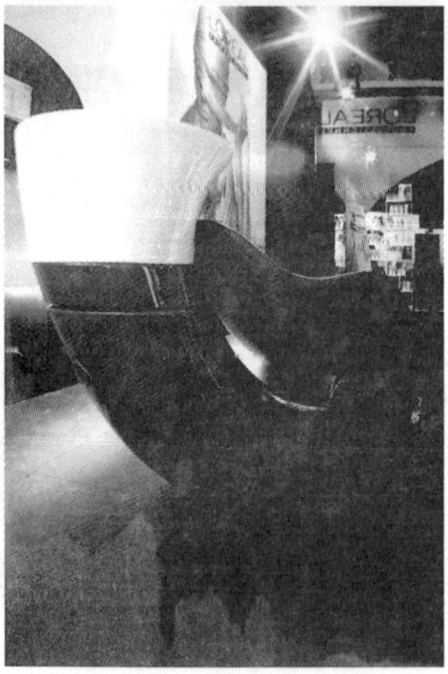

图 4-2-1、2、3，工业用塑料具有非常强硬的视觉特征，特别是其坚硬的质感和明快的色彩表现，材料特性的语言表达非常明确。

工程塑料英文名为：engineering-plastics，工程塑料是指被用做工业零件或外壳材料的工业用塑料，是一种强度高、耐冲击性、耐热性、硬度及抗老化性均优的塑料材料。工程塑料中聚碳酸酯等具有耐冲击性能，通常它还具有延伸率小、硬、脆的性质，但若添加 20% 至 30% 的玻璃纤维，则可有所改善。

塑料加工是随着合成树脂的兴起而发展起来的，并与生产和加工塑料的机械工业的发展而得到发展。不少塑料加工技术，均系借鉴于橡胶、金属和陶瓷加工工业。塑料加工工业的历史可追溯到 19 世纪 90 年代。赛璐珞诞生之后，因其易燃，只能用模压法制成块状物，再经机械加工成片材，片材一般可用热成型法加工。目前，美化塑料制品表面的方法、通常包括：A．机械修饰，即用锉、磨、抛光等工艺，去除制件上毛边、毛刺，以及修正尺寸等；B．涂饰，包括用涂料涂敷制件表面，用溶剂使表面增亮，用带花纹薄膜贴覆制品表面等；C．施彩，包括彩绘、印刷和烫印；D．镀金属，包括真空镀膜、电镀以及化学法镀银等。其中烫印是在加热、加压下，将烫印膜上的彩色铝箔层（或其他花纹膜层）转移到制件上。许多家用电器及建筑制品、日用品、展示广告、展具的视觉形象等，都用此法获得金属光泽、木纹、标志等图案。

塑料在我们的展示设计中的运用非常广泛，设计师正在研究其特性变化的多种因素。塑料似乎有无限的可能性，而且，新的塑料还在不断创造出来。特定的塑料可以是硬的也可以是软的，易碎的或柔韧的，透明的或不透明的，有的塑料可以用模子铸造，塑料一般在高温下会膨胀，而且缺乏金属的强度。但是增加纤维的数量能大大提高它们的抗张强度和冲击强度。而且个别塑料还具有在任何别的可用材料中找不到的独特性能，如透明度、抗腐蚀能力和光传导性等。在制作展示道具、展台、展板、广告宣传等方面设计师通过加工技术做成各种形状，如展会区域结构应用棒形、管状、薄板形、泡沫变化形等，还可通过对于塑料块、线、板的锯开、压印、剪切、切割或机械成形，再通过焊接、螺栓、粘合、铆合或其他机械方法组合起来。就可形成我们展览展示所需要的展示产品了。

图 4-2-4，工业产品的机械、规律的连接方式告诉了我们这是一个展示工业产品特性的展会，从中你可感受到当今工业技术含量高低情况的展会情况。

图 4-2-5，汽车展会上作为背景的材料应用的塑料板，在通过印上图案或喷绘各种各样的展示图片后，视觉效果突出、吸引人的眼睛。

(2) 多用途展示板材

神龙克鲁特PC耐力板（又称聚碳酸酯实心板、防弹玻璃、PC实心板）、PC阳光板（又称聚碳酸酯中空板、玻璃卡普隆板、PC中空板）是以高性能的工程塑料—聚碳酸酯(PC)树脂加工而成，具有透明度高、质轻、抗冲击、隔音、隔热、难燃、抗老化等特点，是一种高科技、综合性能极其卓越、节能环保型塑料板材，是目前国际上普遍采用的塑料建筑材料，有其他建筑装饰材料（如玻璃、有机玻璃等）无法比拟的优点，广泛应用于温室、工业厂房、装潢、广告招牌、停车棚、通道采光雨披住宅、商厦采光天幕、展览采光、体育场馆、游泳池、仓库采光顶、商业环境空间中的采光天棚和遮阳雨棚，另外，电话亭、书报亭、车站等公用环境设施、高速公路隔音装饰、广告装饰领域也是大量选用该材料。

图 4-2-6，利用工程塑料制作的展会道具，圆滑的外形非常具有视觉独特的效果。

① 双色板

以ABS为底材通过丝网刮漆、烘干而成的双色普通面板。金属面板是把进口铂金、银挤压而形成的双色普通面板。它是一种可雕刻的装饰板，广泛应用在标牌、灯箱、展示看板、商业空间指示，内部装修等公共环境设计行业。产品特点：易切割、锯、烫印、雕刻、激光雕刻、弯曲及粘贴。产品厚度：表面厚度为0.3mm，底面厚度为1.2mm。产品用途：标牌、灯箱、看板、礼品奖牌、商业空间指示系统，产品规格60mm×120mm，厚度一般等于或大于1.5mm，雕刻深度不超过0.3mm。质量检查标准：A．保护膜是否整体一致，是否与板面剥离，膜皱及掉膜的为次品，金属面和普通面的无保护膜不能用，B．表面有划痕、斑点的为次品，C．撕开几个颜色的保护膜看有无掉色、掉皮，随保护膜一起掉色的不能用；D．比较色差，同批次到货同编号板材颜色差别越小越好，差异过大不能使用。

图4-2-7、8，用PC材料制造的阳光板，它是展览会展、广告宣传最较好的材料之一。

② 铝塑复合板

铝塑复合板是以经过化学处理的涂装铝板为表层材料，用聚乙烯塑料为芯材，在专用铝塑板生产设备上加工而成的复合材料。铝塑复合板在国内已大量使用，属于一种装饰材料。

铝塑板的组成：铝塑复合板是由多层材料复合而成，上下层为高纯度铝合金板，中间为无毒低密度聚乙烯(PE)芯板，其正面还粘贴一层保护膜。对于室外，铝塑板正面涂覆氟碳树脂(PVDF)涂层，对于室内，其正面可采用非氟碳树脂涂层。室内用铝塑板一般采用上、下铝板，厚度为0.2mm，最小厚度不小于0.1mm的铝板，总厚度一般为3mm，涂层采用聚酯涂层或丙烯酸涂层。铝塑复合板的特性：A．耐候性佳、强度高、易保养；B．施工便捷、工期短；C．优良的加工性、断热性、隔音性和绝佳的防火性能；D．可塑性好、耐撞击、可减轻建筑物负荷，防震性佳；E．平整性好、轻而坚；F．可供选择颜色多；G．加工机具简单，可现场加工；铝塑复合板本身所具有的独特性能，决定了其广泛用途：它可以用于大楼外墙、帷幕墙板、旧楼改造翻新、室内墙壁及天花板装修、广告招牌、展示台架、净化防尘工程。

另外，还有一种称之为防火板（纸制）的板料，也是我们在展示、会展设计中应用比较广泛的装饰材料，特别是在展台、展具的表面效果的处理上，可以产生不同的色彩变化效果，同时，又可使展台表面呈现出不同的材料肌理的特征。

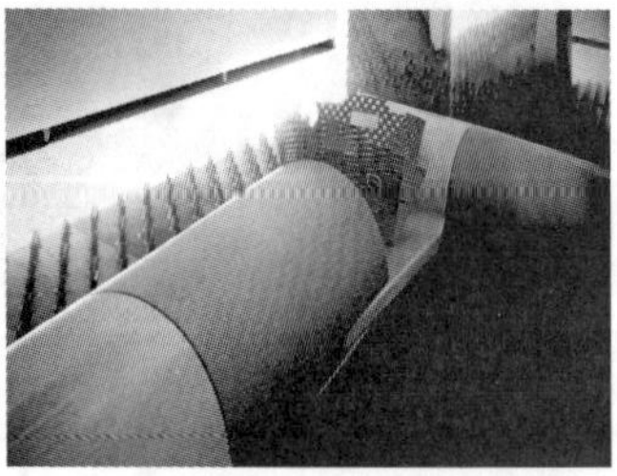

图4-2-9，用PC材料制造的产品。

③ 泡沫塑料材料

泡沫塑料是以合成树脂为基体，加入发泡剂以及其他添加剂，经发泡作用形成的一种具有细孔绵状结构的物质。与普通塑料相比，具有密度低、质轻、强度高的特点，其强度随密度增加而增大,有吸收冲击载荷的能力,有优良的缓冲减震性能，隔音吸音性能好，热导率低，隔热性能好，优良的电绝缘性能，具有耐腐蚀、耐霉菌性能。泡沫塑料主要有硬质、软质两种，硬质泡沫塑料主要是用做绝热、隔音、包装材料及制车船壳体等。软质泡沫塑料主要用于建筑墙体的保温、具有一定的保温隔热需要的环境装饰，泡沫塑料还具有弹性优良等性能。

在展示设计中泡沫塑料的运用主要是制作展示模型、一些具有特点的展台、小展具以及烘托环境气氛的一些展品等。另外，由于其材料比较轻、较容易制作，所以，利用泡沫塑料的板材还可以来制造一些空间分割的材料，利用泡沫塑料块材还可以制造一些文字、企业标志形象等。

图 4-2-10，用PC阳光板材料制作的弯曲、弧形的顶棚效果。

图 4-2-11、12，选用PC阳光板设计制作的“丰田”汽车展会展示墙，材料除了解决了结构与形态之间发生的关系，同时又利用了材料半透明的特点，延伸原有的空间环境。

图 4-2-13，“标致”汽车公司的展会展示，利用塑料复合铝板材料制作的展具，形态变化自如、独特，在整个会场中非常突出、醒目。

图 4-2-14，利用木结构防火板和金属镜面板制作的展会展具，突出了展示的主题形象和设计师思考的一种镜像效果。

图 4-2-15，利用塑铝板规则形态的重复安排来创造一种整体的气势，再加上大屏幕的影像设备来重点说明展示的企业产品。

④ 有机玻璃

有机玻璃，又称亚克力(Acrylic)，它是由甲基丙烯酸甲酯的高分子透明材料组成的。人们常说的亚克力板就是聚甲基丙烯甲酯（英文简称为PMMA）板材，在展示设计的展具、沙盘展示模型上应用十分广泛，标牌、广告牌、灯箱的面板、中英文字母面板等应用也是非常广泛。有机玻璃可分为管形材、棒形材、板形材三种。有色的有机玻璃还分为：透明有色、半透明有色、不透明有色三种。这三种透明或半透明、不透明有机玻璃在展示设计中都可做成空间分割、文字和图片展板、摆放展品的隔板等应用。

有机玻璃其特性主要有：A．高度的透明性，有机玻璃是目前最优良的高分子透明材料，透光率达到92%，比玻璃的透光度高。普通玻璃只能透过60%的紫外线，但有机玻璃却能透过73%；B．机械强度高，有机玻璃的相对分子质量大约为200万，是长链的高分子化合物，而且形成分子的链很柔软，因此，有机玻璃的强度比较高，抗拉伸和抗冲击的能力比普通玻璃高7至18倍。并且可切削，可用钻床进行钻孔加工，而且能用丙酮、氯仿等粘结成各种形状的器具、展具，也能用吹塑、注射、挤出等塑料成型的加工方法，可做成大到飞机座舱盖、小到假牙和牙托等形形色色的有机玻璃制品；C．有机玻璃的分子链段排列得非常有次序，使材料的韧性有显著提高。用钉子钉进这种有机玻璃材料中，即使钉子穿透了，有机玻璃也不会产生裂纹。这种有机玻璃被子弹击穿后同样不会破成碎片。因此，拉伸处理的有机玻璃可用做防弹玻璃，也可用作军用飞机上的座舱盖；D．有机玻璃重量轻，它的密度为1.18kg/m^3，因此，同样大小的材料，其重量只有普通玻璃的一半，是金属铝（属于轻金属）的43%。

图4-2-16、17，日本丰田汽车展会中，展示的利用泡沫塑料来装饰空间的效果。

图4-2-18，学生课程完成的作业，利用透明和不透明的塑料材料制作的会展模型。

图4-2-19，利用一种称之为“亚克力”材料的树脂制作的几个不同形态的展具、装置，其材料的透明感与玻璃或其他透明材料不同，更具有一种肌理感和材料的质感。

图 4-2-20、21、22、23，这是一组利用可塑性塑料材料制作的展会空间结构，效果如同动物的骨骼和植物的纤维结构一样，非常具有视觉张力。同时，在空间的作用下，整个环境具有了如同森林一般的意境，不论我们从什么角度去观察，都会有一种重新发现的感受和视觉体验。

图 4-2-24、25、26，我们选了几张不同的色调、近距离的观察和远景的欣赏的图片，让人们通过不同的效果来感受更为丰富的想象力。

图 4-2-27，利用可塑性的材料，组合成一种形态的变化，通过光线合理的运用达到与众不同的视觉效果。

本节重点与学习提示：

本节的学习内容主要要求学生通过作业练习从不同角度分析塑料材料中的有机板材的原有形态，了解有机板材各种可能产生形态变化的可能，并对有机板材料与其他塑料材料中设计变化所出现的效果的训练学习。

图 4-2-28，有机玻璃材料在展会中的运用非常广泛，因其材料质轻，坚固，丰富的色彩，与其他材料的搭配应用更是容易体现效果。

图 4-2-29，有机玻璃材料在展会中可以制作一些展示的配件如招牌、文字等。

图 4-2-30，有机玻璃材料在展会中重复地运用可以得到非常通透的整齐美感、效果非常突出。

图 4-2-31，利用有机玻璃的透明特点在其中安排灯光，组成不同的色彩，表现游戏产业展会的展示特点，形象鲜明、生动。

图 4-2-32，2005 年日本爱知世博会会展中的一个小型博物馆展，利用有机玻璃制作的橱窗效果。

图 4-2-33、34，利用有机玻璃作为展示材料的局部与整体的效果，我们隐约地可以感受到一种朦胧的感觉，其中的产品展示不那么清晰，但我们还可以知道在展什么产品，设计师就是希望利用材料的特性来达到其新的创意目的。

图 4-2-35、36、37、38，这组创意展示设计，是利用塑料中类似于PVC薄膜材料制作的顶棚效果与所展示的产品结合在一起的效果，色彩、形态和风格非常吻合。

图 4-2-39、40，人工合成的材料可被制成不同的展示形态，可以是比较规则的也可以完全不规则，甚至可以模拟自然环境中的生物、动物的形象。材料运用和形态的变化使得设计更具有了主观的意识，表达也更有了创意。

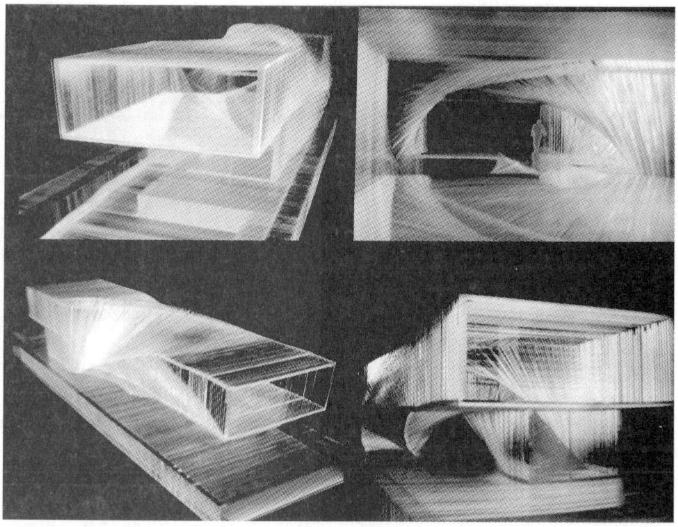

图 4—2—41、42，利用塑料材料制作的环境形象，如同雕塑艺术和环境装置作品。材料所拥有的视觉效果，使得原有的空间一下子增添了不少光色，特别是镂空的光线和材料组合的色彩效果更使人们会产生丰富的联想。

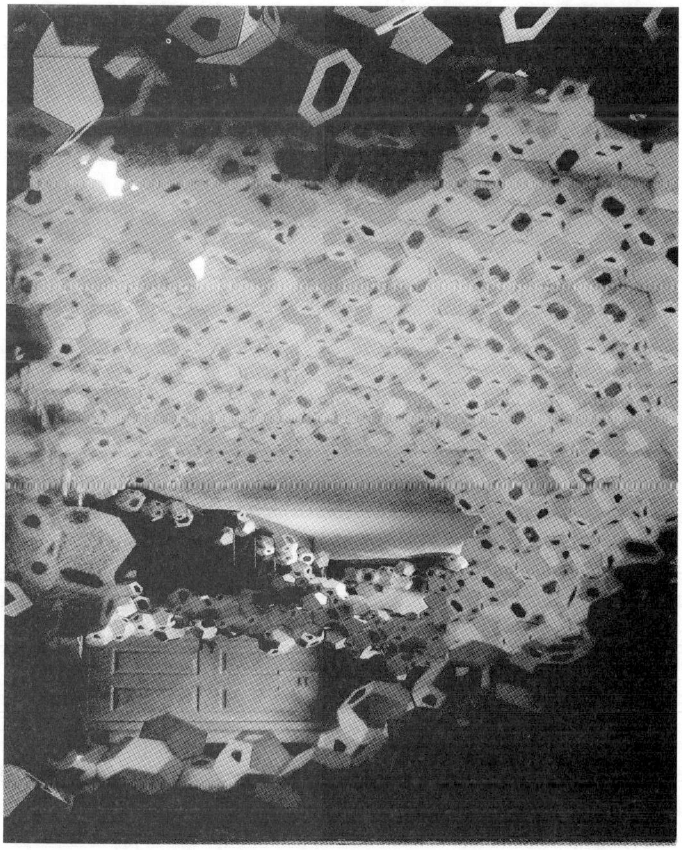

图 4—2—43，利用如同玻璃珠形态形成的结构，创造了空间展示的独特效果，让人置身于仙景一般的环境中，这是材料组合应用和处理所营造出来的视觉盛宴。

图 4-3-1、2、3，木材是我们最为常用的天然材料，具有可塑性强、加工方便、价格便宜等诸多优点，是我们现在应用最为广泛的材料之一。

3. 天然材料

(1) 木材

木材按树种进行分类，一般分为针叶树材和阔叶树材。针叶树材如红松、落叶松、云杉、冷杉、杉木、柏木等，往往密度较小，材质较松软，通常称为软材，主要供建筑、桥梁、家具、造船、电柱、坑木、桩木等用途。阔叶树材如桦木、水曲柳、栎木、榉木、椴木、樟木、柚木、紫檀、酸枝、乌木等，种类比针叶树材多得多。大多数阔叶树材密度较大，材质较为坚硬，因此俗称硬材，用途如家具、室内装修、车辆、造船、展示设计，等等。阔叶树材具有以下优点：木材光泽强、无特殊气味，木材耐腐、抗虫，纹理直、结构甚细、均匀，硬度及强度中等，干燥速度中等，干缩小、不变形、切削容易、切面光滑，油漆后的光亮性良好，效果接近柚木。现为优质家具用材，用于室内和展示设计中的装修、地面的铺设、展具展台的制作以及部分天花顶棚的制作等。

下面我们简单介绍几种比较常见的木材。

杉木：其材质轻软，易干燥，收缩小，不翘裂，耐久性能好、易加工，切面较粗、强度中强、易劈裂，胶接性能好，是南方各省室内家具、展示装修用得最为普遍的中档木材。

水曲柳：其树质略硬、纹理直、结构粗、花纹美丽、耐腐耐水性较好，易加工但不易干燥，韧性大，胶接、油漆、着色性能均好，具有良好的装饰性能，也是目前室内家具、展示装饰用得较多的木材。

柳桉：其材质轻重适中，纹理直或斜而交错，结构略粗，易于加工，胶接性能良好。缺点是干燥过程中稍有翘曲和开裂现象。

杨木：我国北方常用的木材，其质细软，性稳，价廉易得。常与榆木材料搭配做家具的附辅和漆家具的胎骨，在古典家具中应用较多。杨木常有一种“骚味”，虽然比桦木质地轻软，但桦木有微香，常有极细褐黑色的水浸线纹样，这是二者的差别所在。

榉木：材质坚硬，纹理直，结构细，耐磨有光泽，干燥时不易变形，加工、涂饰、胶合性较好，是目前展示、室内设计装修应用最多的一种木材。

樟木：主要分布在我国江南各省，而台湾、福建最为盛产。树径较大，材幅较宽，且花纹优美，尤其是它具有浓烈的香味，可使诸虫远避。我国传统的樟木箱名扬中外，其中有衣箱、躺箱（朝服箱）、顶箱柜等诸品种。旧木器行内将樟木依形态分为数种，如红樟、虎皮樟、黄樟、花梨樟、豆瓣樟、白樟、船板樟等。

核桃木：主要出产地为山西吕梁、太行地区，它有着硬木般的光泽，其质地细腻，色泽灰淡柔和，一般应用于雕刻一些比较细腻的工艺品，将其材料的特性运用在展示设计中会收到一种特殊的视觉效果。

红松：材质轻软、强度适中，常用做展览道具的侧板、面板及饰面材料，它可弯曲。

另外，还有称之为五厘板、九厘板的，用来做展会设计中的结构部分，还有称之为大芯板的，为了克服木材变形而产生，它是两层木板中填入小木块，根据中间填充的材料不同价格不等。如压缩板，刨花板（用刨花锯末压缩而成），密度板（用更大的压力加胶黏剂压缩，承受压力大，用于做家具）。不易于钉钉子，怕水泡潮湿。

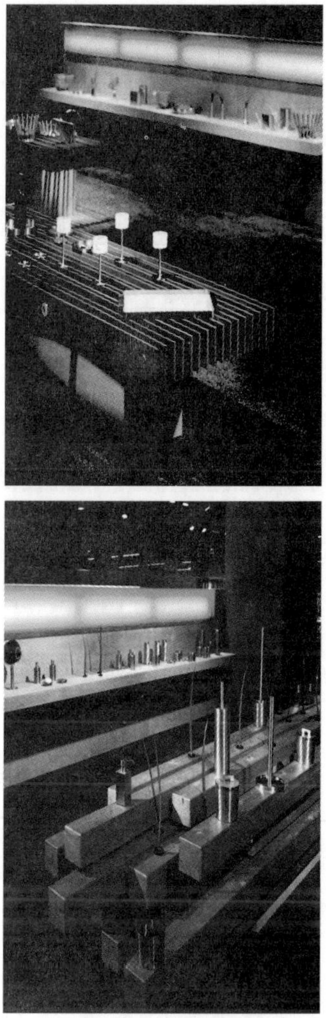

图 4-3-5、6，利用木材材料设计制作展具，与整个环境所营造的风格、氛围形成一种和谐效果。

(2) 油漆

作为展示材料中表面效果的体现，油漆的选择和应用非常重要，特别是油漆的种类和技术要求也是比较复杂的。

油漆一般分为如下几种：硝基漆，比较坚硬、质量较好、有明显的光泽、干得快。虽然价格比较高，但还是受到人们的普遍欢迎；醇酸漆，相对于硝基漆来讲比较软，它可分为清漆、有色漆等，干得慢。还有就是称之为稀料的，如硝基稀料、醇酸稀料。如乳胶漆，一般分为有光和亚光效果两种，在展示设计中的木材表面和部分金属表面都会大量使用。真石漆，就是一种模仿岩石质感肌理的装饰漆，它能做出半立体浮雕的效果，现在的展示设计中为了使得设计的外观达到非常真实的效果，会在展示道具上运用类似钢琴漆的材料和工艺技术，严格来说作为“和钢琴上的漆一样的漆”，

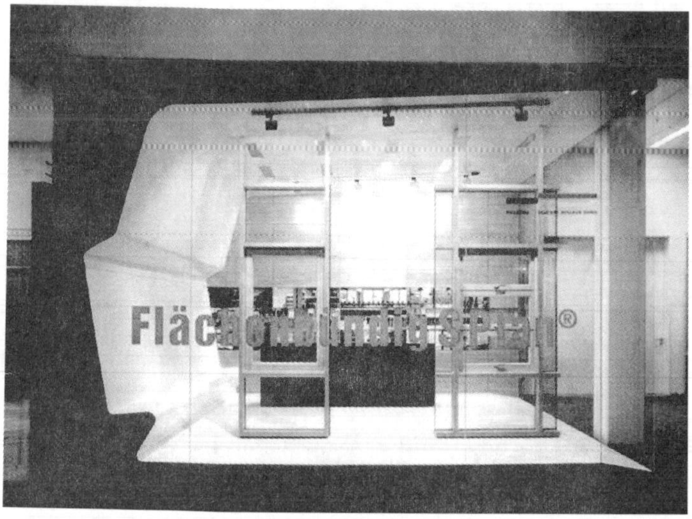

图 4-3-4，展示环境中使用木质材料与其他材料结合，通过油漆的色彩来加以区别，形成一种对比的色彩关系，更好地把形态和展示内容表现出来了。

图 4-3-7、8，这两张图片是木材的形态和色彩相应的纹路的形式。

其实有双重含义，第一种意思指的是漆本身，即不饱和聚酯PE高光漆本身具有的视觉效果；第二种意思则指的是钢琴漆喷、涂漆特殊工艺的要求。严格意义上的钢琴漆，是二者缺一不可。所以，工艺上的要求较为复杂，工序多，且工时长，故价位也较高。它的基本工艺流程为：板材开料—铣边—造型—刷封闭底—砂纸砂光—批灰砂光—干燥—喷PE白底—干燥—（打油膜）—喷白底—（砂纸干磨）—第一道面漆—砂光—喷色漆—打磨砂光—有机玻璃—喷清漆—烤房干燥—清洁背部—打砂纸—细蜡抛光—揭纸附保护膜。事实上，在展示设计中如果我们采用了这样的工艺和表面处理的效果，就可使原有的设计达到事半功倍的艺术效果。

(3) 天然纤维

在展示设计中通常被利用的纤维材料种类非常多，主要有：天然蚕丝纤维，各种形态的棉纤维、皮革纤维、竹纤维、植物表皮纤维、合成纤维等。应该说任何一种材料都有其独

图 4-3-9，木材与大理石材料结合应用的效果。

图 4-3-10，在会展展示设计中应用木质材料，特别是利用木材具有的一种质感来表达人们的思想情绪，使参观者具有一种情感上的交流，成为展示设计者更为关注的课题。

一无二的特性和品质。对这种特性和品质设计师必须了解和掌握，并作为设计的元素加以尊重。我们说对材料的特性越熟悉，就能使之自然地成为具有创造性的设计表现媒介。在展示设计中，展示区域应用纤维材料来达到空间的分割效果和烘托环境的气氛，是大部分纤维作品的特点，同时纤维材料结构与表面材料效果在构建形态过程中的那种充满起伏和肌理变化的效果，又常常是纤维材料在展示设计中所强调的视觉体验。

图 4-3-11，图中运用碎花形式的片形垂挂设计，利用纤维材料的半透明的特点，在展示环境中作为空间的分割，形式与功能达到比较完美的效果。

在现代展示空间环境设计中，各种新型材料的大量运用，使人们在潜意识中滋生出对现代都市文明的一丝恐惧，感到了被封闭和互不关心的冷漠。长期生活在这种空间环境里，人会感到烦闷和压抑。现代纤维材料的特征是柔软、温暖、质感舒适，材料选择如棉、麻、丝、毛等纤维材料，通过奇异、变化丰富的编织加工手段，营造出具有独特艺术氛围效果的“柔软空间”，弥补了部分现代建筑与室内空间环境的冰凉、单调，缺乏人情味之弊病，使人们重新找到了温暖、

图 4-3-12，运用天然材料如纸张所表现的展具，被安排在环境中可以更好体现设计师的绿色环保理念。

图 4-3-13、14，木材，它除了具有一种自然风尚的主题，更主要的是这种材料的适应性非常强，在图片中我们看到它在室内环境和展示空间中的出色表现。

图 4-3-15，室内空间环境中木材的运用效果，它与所在的环境风格非常的和谐、统一。

舒适、放松的感觉。所谓“柔软空间”指的是除日常生活中的床上用品、窗帘、帷幔、沙发、地毯等以外的，由现代纤维艺术品构成的“软雕塑”，它包括平面的和立体的、大型的、微型的、实用的、纯艺术的等各种形式，其中，又以编织纤维壁毯、地毯、壁挂、软雕塑等见长的表现形式。由这些现代纤维艺术品构成的“柔软空间”在室内展示中占据着一定的位置和空间，位置和空间决定和影响着“柔软空间”的形态，而其形态反过来又装饰着室内空间。根据室内的环境与空间的不同，纤维这种多层次和多维视觉形象因素构成了一个系统的室内展示空间的统一体。另外，纤维艺术品不能离开室内空间而独立存在，它是整体室内空间组织的一部分。事实上纤维材料在运用过程中已经不是严格意义上的二

图 4—3—16、17，利用纺织材料线与绳的设计制作，所编织的空间感觉非常强烈，材料的特征即线织面的结构表现得清晰明了。这是两个不同的角度观看的效果。

图 4—3—18，设计和制作超出一般正常形态的展具，安排在展会环境中也是一个非常好的设计想法。这样，材料可以无限发挥其特有的优点去完成设计的创意。

维形式了，它应该具有一定的立体空间浮雕的压缩比例的效果，可使原有的环境和空间更具有强烈的视觉震撼力。

近年来，近乎透明或半透明的织物被越来越多的设计师引入到展示空间环境中去，我们在一些展示空间环境的设计作品中看到了这样一些案例。其主要材料为尼龙绸、玻璃纱、玻璃丝、纤维薄膜、皮革、毛毡、帆布天然材料等，由于透明织物可由棉、丝、合成纤维甚至毛纤维制成，又因其具有形态可自由分割以及技术处理相对方便（手工加工）的优点，所以，在展示设计环境中的运用，既可体现纤维材料所拥有的图案形式和肌理效果，又可充分体现展示设计所具有的技术与艺术相结合的文化内涵。

图 4-3-19，利用天然的纤维材料所建造的展示空间，

图 4-3-20，利用纤维材料中的细小形态所构成的一种展示视觉元素，让人有一种非常妩媚的视觉上的享受感。

图 4-3-21，利用纤维材料藤条的有规律渐变形式，创意独特，雕塑感非常强，如同装置作品一般，是日本设计师的一种传统工艺思想的体现。

图 4-3-22，纤维模拟自然环境中树叶的形态，通过构成规律中的疏密关系的处理达到一种视觉上的平衡。

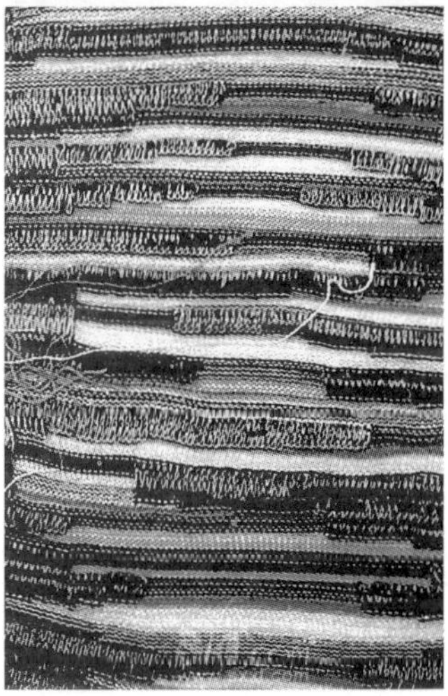

图 4—3—23、24、25，纤维材料本身所体现的肌理质感以及色彩的丰富多样性，是设计师灵感的来源。

图 4-3-26、27，学生利用纤维材料的特性以及柔软的特点，设计和制作的课题训练作业。

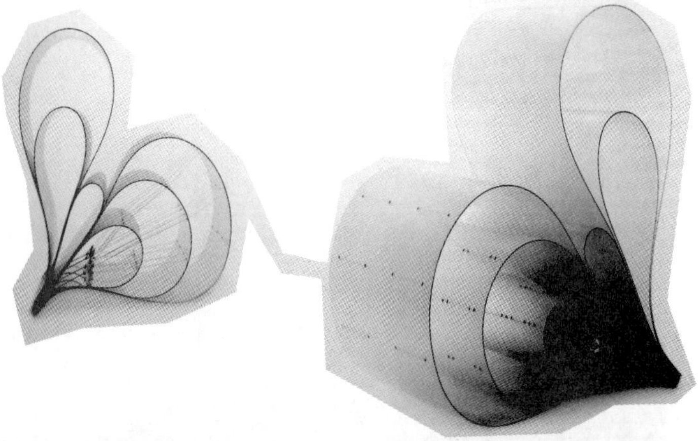

图 4-3-28，同样是片状的柔软纤维塑料材料制作的构成作业。

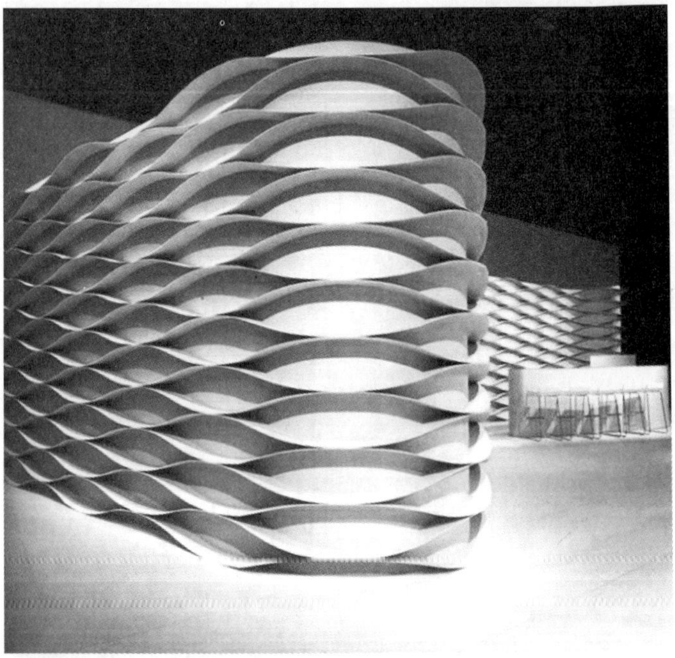

图 4-3-29，利用相同的纤维片材料制作的课程训练作业。通过规则的形态重复安排，尝试运用这样的构成形式来表达设计的思想。

图 4-3-31，在展示空间环境中除了木材以外我们还会利用天然纤维，如地毯作为展示装饰环境的材料，近几年这一趋势在一些展会的展示中应用非常广泛。

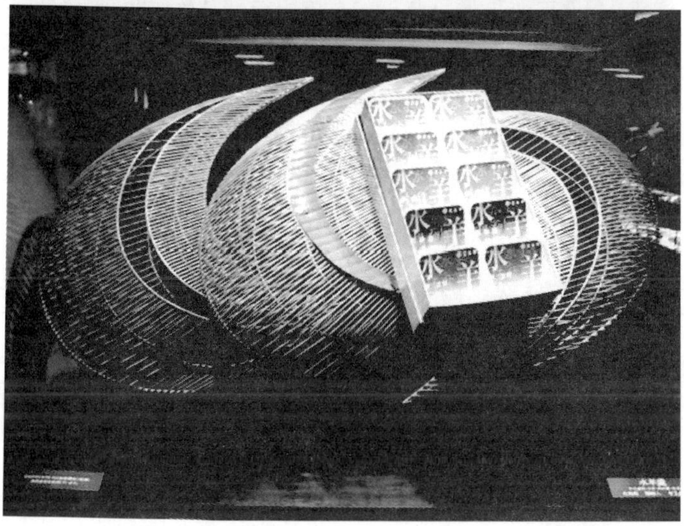

图 4-3-30，日本银座的商业橱窗展示中运用的小木条组成的结构形态，材料的视觉效果非常的强烈。

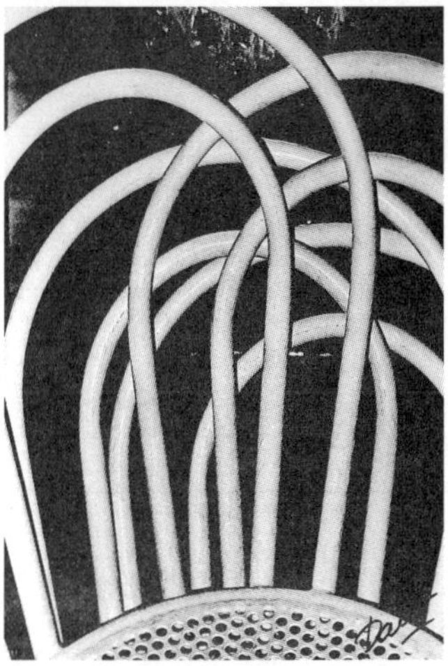

图 4-3-32，摄影照片中，主要是我们去感受其线形态的不同穿插的变化效果，我们在设计过程中可以通过对新形态的借鉴获得设计的灵感。

图 4-3-33，网片状形态变化丰富的摄影照片，我们可以想象这是一个人为创造的展会空间效果，你会有什么样的感受？

本节重点与学习提示：

本节的学习内容主要是通过纤维材料在展示空间环境中的应用，学生从材料的特性去分析其形态的变化在目前追求的现代风格的展示设计中，如何把纤维材料朴素、华丽、独特的个性表现在展示空间环境中，是该节学习的主题。

图 4-3-34、35，选择的油漆和涂料有非常多的种类，事实上，我们在实际应用中有着非常大的差异，同样的油漆也有不同的用途和技术要求，所以我们需要根据实际情况作出选择。

图 4-3-36，这是作为内墙涂料在室内环境中的应用效果，特别是在商业展示环境中内墙涂料运用更注重与环境的整体协调的效果。

(4) 油漆以及涂料

油漆和涂料的作用主要有三个方面：保护、装饰和掩饰产品的缺陷，提升展示产品的价值。它是一种能使物体表面在一定的条件下形成薄膜从而起到保护、装饰或其他特殊功能（绝缘、防锈、防霉、耐热等）的材料。

油漆虽然是一层很薄的表面材料、其基本特性是具有反光的特性，因此，也就有了色彩斑斓的效果。如果是金属漆加上清漆层，如同车漆一样看上去很耀眼、夺目，展示的效果就非常好，同时又非常具有时代感。一般习惯上把水性涂料叫涂料，把油性涂料叫油漆。而这两种油漆，均可用于木材表面的装饰，应用范围的不同又可细分为用于木地板地面和其他木材表面的木器漆的各种各样的种类。另外，金属用漆虽然主要用于金属表面的装饰与处理，但是，在展示设计环境中的应用也非常广泛。

真石漆：它是一种装饰效果酷似大理石、花岗石的漆。主要采用各种颜色的天然石粉配制而成。真石漆装修后的建筑物，具有天然真实的自然色泽，给人以高雅、和谐、庄重的美感。适合于各类建筑物的室内外装修。特别是在曲面建筑物上装饰，可以收到生动逼真、回归自然的功效。真石漆具有防火、防水、耐酸碱、耐污染，无毒、无味、粘接力强、永不褪色等特点，能有效地阻止外界恶劣环境对建筑物的侵蚀，延长建筑物的寿命。由于真石漆具备良好的附着力和耐冻融性能，因此特别适合在寒冷地区使用。真石漆具有施工简便、易干省时等优点。

原子灰：又称不饱和树脂腻子，是由不饱和树脂、滑石粉、苯乙烯等经搅拌研磨而成的主体灰及固化剂组成的双组分填平材料，具有常温固化、干燥速度快、附着力强、易打磨等特点，它的问世，让不断发展的会展设计装饰装修实现了在最短时间内完成展会表面效果的可能性。

使用方法：

① 基灰和固化剂的配合比例为 100:2 至 5（重量计），气温愈低固化剂用量愈多。

② 金属表面应彻底清除油污、锈斑、旧漆及水分。

③ 原子灰用量以一次性用完为宜，基灰和固化剂按比例进行配制，至颜色均匀一致即配制完成。

涂料：也可称油漆，由成膜物质（即基料）、颜料、填料、涂料助剂、功能组分、有机溶剂或水组成。

内墙涂料，用于室内墙面装饰。

外墙涂料，用于室外墙面装饰。

按用途可分为建筑涂料、罐头涂料、汽车涂料、飞机涂料、家电涂料、木器涂料、桥梁涂料、塑料涂料、纸张涂料等。 另外，由于会展的环境大部分在室内，对防火的要求一直是人们关心的，使用防火涂料是所有的展示设计中必不可少的。

乳胶漆：又称为合成树脂乳液涂料，是有机涂料的一种，是以合成树脂乳液为基料加入颜料、填料及各种辅助剂配制而成的一类水性涂料。根据生产原料的不同，乳胶漆主要有聚醋酸乙烯乳胶漆、乙丙乳胶漆、纯丙烯酸乳胶漆、苯丙乳胶漆等品种；根据产品适用环境的不同，分为内墙乳胶漆和外墙乳胶漆两种；根据装饰的光泽效果又可分为无光、哑光、半光、丝光和有光等类型。展示的道具中我们会大量的应用乳胶漆，特别是作为内墙与展会隔断运用最为广泛。一些木结构的表面层材料上也会大量应用内墙乳胶漆，其色彩的变化和色彩的选择比较丰富，同时，工艺加工方便，造价相对比较低廉，还有就是内墙乳胶漆的材料是一种相对比较环保的产品，对材料的要求和选择相对不高，而视觉的效果则可以相应变化和调整，目前，在会展设计和材料表面处理应用非常有效。

4. 其他配套运用的材料

(1) 展具及配件

展示设计中所制作的展具，其结构与结构之间的连接、加固、装饰需要有一些诸如五金配件和其他一些产品材料，

图 4-3-37，这是利用色彩丰富的油漆或涂料涂在木质材料上的效果。

图 4-3-38，这是利用内墙涂料在室内商业环境中的应用效果，非常的干净、利索，黑与白的对比更有着材料特点的应用效果。

图 4-3-39，作为内墙涂料在室内环境中的应用效果。

这些材料有时看上去很不起眼，但是，在会展空间环境中的应用非常重要。实际上在展会空间中，这些配件除了起到展具和展示结构的连接和固定之外，也还有着视觉上的需求，如金属的亮光和展示道具的关系、纤维材料所呈现的丝绸般的光滑和具有视觉形象的肌理，它们会直接影响到我们在设计中对这些配件的选用，因为这些物品的选择以及品位可以间接地影响到整个会展设计中的视觉形象的传递效果，同时，又可以提高整个展会展示的视觉多样化的形成。

(2) 视觉传达形象表现

主要是利用平面设计所依托的印刷和粘贴材料。在展示设计中所用的标志、文字、图片、企业形象等都是通过这些材料来表现所有的视觉展示效果。一般是选用板材来实现展示视觉传达的形象。

板材，其种类较为繁多，且色彩也非常丰富(含半透明的色板)，选用条件是板材的透明度和不透明的在应用过程中的不同效果。

图 4–3–40，在展会的展示效果中，利用形态的立体效果和色彩变化的涂料处理形成一个强烈的视觉面体，清晰地告诉人们所展示的品牌和内容。

① PVC 发泡板又称为雪弗板或安迪板，它可以加热、弯曲及折叠加工，还可在材料上印刷不同的图片，其化学成分是聚氯乙烯，价格也比较便宜。还有就是耐水材料、美工材料及各种轻便隔板等。

② 弗龙板也是一种新型化工板材，它是以高压聚乙烯 EVA 为主要原料，添加各种助剂，经化学架发泡形成，简称 EVA 板，由单面或双面贴覆 PVC 板后就称为弗龙板，其表面光滑平整，且有一定的硬度。

弗龙板特点如下：不吸水、不分解，不受雨水、潮湿影响，不腐烂、抗老化、抗紫外线照射、耐油、耐酸、耐碱及其他化学成分的腐蚀、吸音、隔热保温等。在广告业中用途广泛，可用于电脑雕刻、丝网印刷、广告标牌、展板、标志用板等，视觉效果好、省时间，价格也只有传统 PVC 板的三分之一。

除了板材之外，合成纺织品材料的应用也是非常广泛的。如弹力布，半透明并具有各种各样的颜色变化，还可做一些平面设计的印刷效果，展示活动中我们可作为帷幔和空间分割的处理，因其具有的一定透明效果，所以，它是烘托空间、环境气氛的极佳材料。另外，有些合成材料可结合喷绘技术表达设计的主题，如称之为喷绘布、宝丽布（无弹性）、银雕布、网格布（纱网即带眼半透明）等材料，就是这些材料上可利用写真喷绘制作展会设计的平面类的内容，如广告、标志、产品形象图片以及企业的宣传文字等内容，是目前应用前景比较好的新型材料。其既有传达视觉形象的功能，又有美化环境和增加空间展示在设计中多种元素结合运用的作用。

图 4-4-1，日本汽车展会展示环境中运用的一些小的配件材料，类似像指示牌的宣传展具，显得原有的空间比较充实。

图 4-4-2、3，平面设计的内容在整个展会活动中的展示可以通过在展具上的安排来表现。

图 4-4-4，通过丝网印刷形式把照片印刷在纤维布面上的展示效果，作为展示的一部分在展示设计中起到重要的作用。

图 4-4-5，在结构的支架上安排塑料板形式，利用视觉传达形象来表达整个会展的性质与特点。

图 4-4-6，利用泡沫塑料板制作的文字，安排在展会的展板上，既是展示的一部分又具有一定的实用功能。

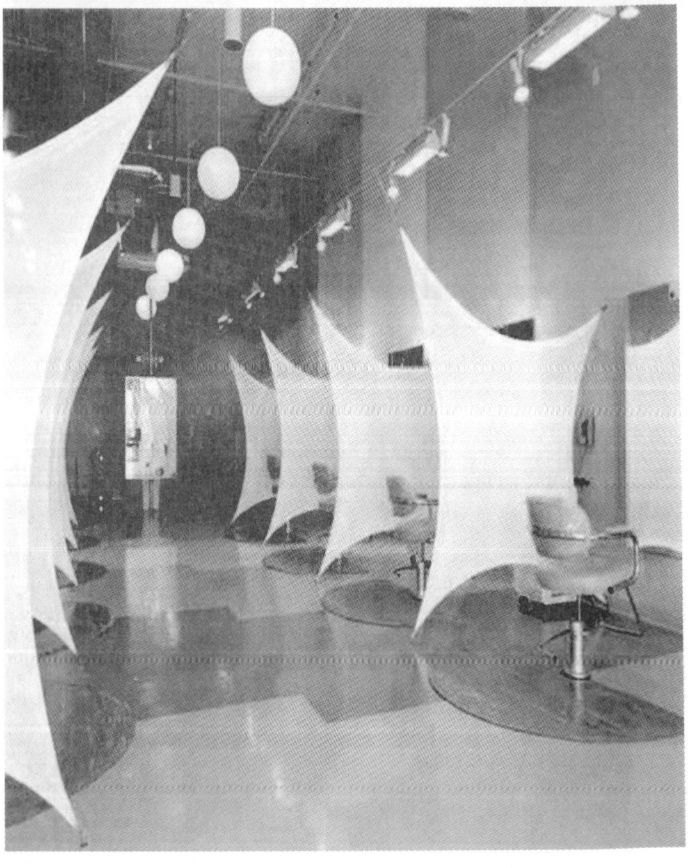

图 4-4-7、8，两张具有同样的材料，这是利用透明或半透明的喷绘布或弹力布制成具有设计形态的展示效果。

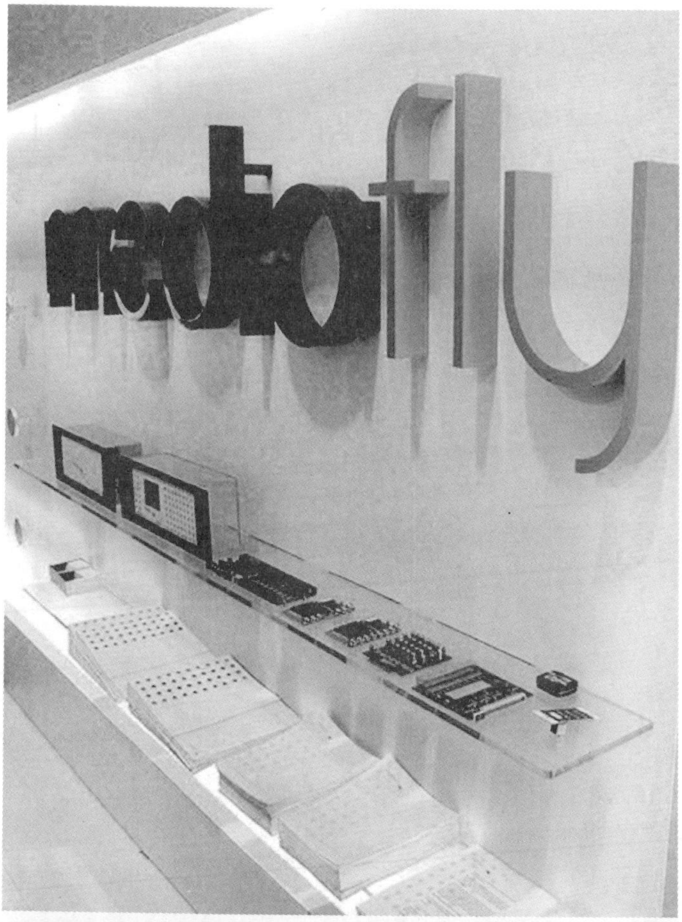

图 4-4-9，利用文字形态组成的图形，安排在展会的展示展具上，形成非常丰富的视觉效果。

图 4-4-10，德国航空展会上的视觉平面设计形象，采用了透光的有机材料通过图形的真实形象表达展览的效果。

图 4-4-11，在斯洛文尼亚书展上的互动展示设计中运用视觉效果非常强烈的材料来体现展示产品的一种互动的感觉。

图 4-4-12，这是称之为“网格布”塑料纤维的材料制作的灯箱展示。具有非常真实的视觉形象效果，特别是利用照片的形式展示效果是最好的方法。

图 4-4-13，学生通过应用各种各样不同的材料制造的展示空间模型作业，一般会根据不同的对象和形式表现采用具有表现力的材料。

课题训练：

学生通过对不同种类的材料从不同角度的分析，考虑和理解材料的透明或半透明的组织与架构，学习多种方法去试图改变材料形态的方法与手段。在设计过程中，可运用所学过的设计基础课程内容如构成设计中的打散、重构、变异、截取局部等方法，另外，模糊轮廓、重叠、透叠、错位、近似、密集等方法也是对材料所产生的点、线、面自然构成的形态、方式进行有效的表现，并运用于展示设计课程的训练或模型制作练习中，通过这样的学习得到材料的真切感受。

第五章 展示设计材料的选择

1. 选择原则、方法及技术要求

材料在展示设计中的选择原则：首先是利用材料来完成展示空间和环境的结构部分；其次是材料要耐用、坚固、美观、价格合适。选用材料的方法：加工相对来说比较方便，加工成本比较低，材料表达设计师的思想比较明显。技术的要求：在当今社会发展高科技进步的前提下，首先应该考虑环保概念的体现，然后是材料的一些技术方面的要求是否能够满足展示设计中的展台、展位道具以及展示环境和空间的视觉要求。这些应该说都是我们在学习这一章节时需要了解的内容。

2. 玻璃材料的选择

在展示设计中玻璃材料因其所具有的透明、光亮、挺拔的视觉效果是其他材料无法比拟的。我们在现今的生活中特别是展示空间和环境设计中大量地运用着玻璃材料。因此，选择玻璃材料作为展示设计展具、架构、展板等，是当今展示设计乃至其他设计领域普遍的选择，玻璃材料在展示设计中作为提升设计形象、制造展示架构、体现设计师的品位等方面具有独特的意义。所以，在选择和运用玻璃材料时我们需要对玻璃材料有一个基本的了解，同时还需要对玻璃加工的技术、玻璃生产规定的尺寸、玻璃与玻璃材料的连接方法等有所掌握，有了这样的基础才能根据设计意图表达来选择玻璃材料。不同的玻璃具有不同的视觉肌理，是设计师选择玻璃材料的基本原则，如一般平板玻璃的效果是通透、明亮、光洁，而艺术玻璃则可以是不透明的、有色彩的、具有一定肌理效果的。因此，对于玻璃材料这些特性，我们就应该在设计的过程中予以理解和掌握，然后把它表现在具体的展示设计内容中。

图 5-1-1，展会的展示中部分结构采用玻璃材料制作的效果。

图 5-1-2，玻璃作为整个展示的区域安排在主要的位置，目的是突出视觉的中心，人们可以通过透明的材料来看到所展示的产品。

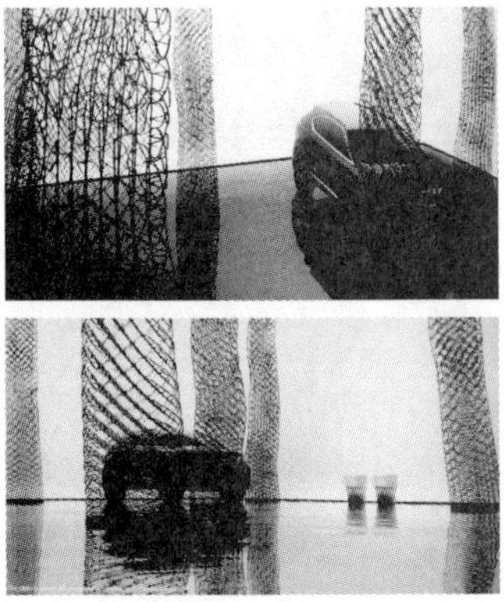

图 5-1-3、4，展示空间的地面利用如同玻璃镜子的地面材料突出汽车的精致形象。

图 5-1-5，如同镜子般明亮的展示背景效果使人们进入一个非常神秘的环境

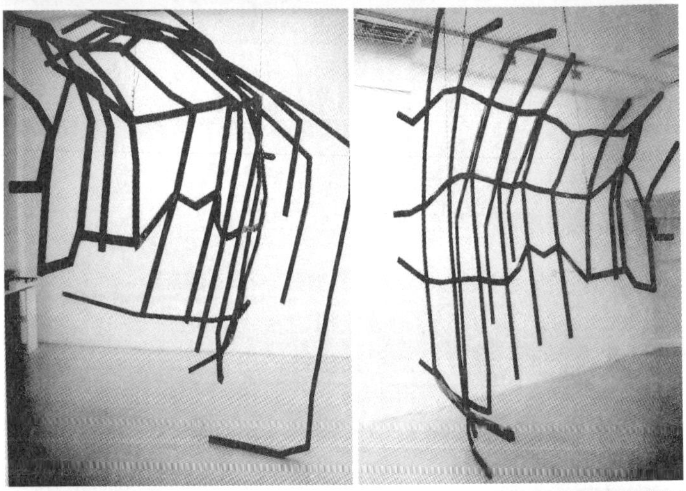

图 5-1-6，金属条块状的不规则形态，看上去是一种不经意的破坏效果，实际上是设计师有意识地在处理材料与空间的关系。

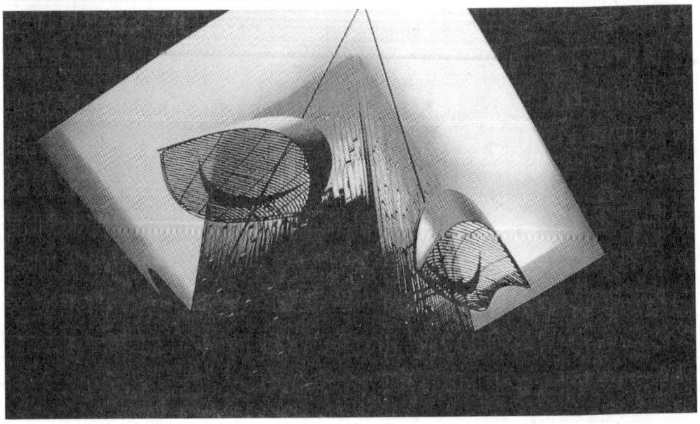

图 5-1-7，金属材料所特有的质感是其他材料无法比拟的，材料的厚实、光挺，色调的古朴等都是我们喜欢金属材料的理由。

3. 金属材料的选择

在展示设计中，金属材料的选用是非常普遍和重要的，在展示设计中除了展台结构、展示空间形态、金属材料的个性化表现设计（有意识地表现材料的肌理）都是通过金属材料所具有的与众不同的特性来体现的。

对于金属材料的了解和掌握，我们离不开对金属材料中的钢、铁、铜及铝材等的外观、结构、形状、表面肌理效果的理解与表现。这些理解与表现是基于通过对金属材料的结构制作、工艺安装与连接、拼装方法、金属的表面涂装处理等技术工艺的学习和理解所获得的。在金属材料中，不锈钢材料在展示设计中的应用可以说是较为广泛且频繁的，特别是不锈钢材料所具有的坚固、光洁、表面效果的稳定以及加工与制造工艺的方便等特性，使其成为展示设计重要的选择材料之一，这些特性更是设计师在展示设计中越来越重视不锈钢材料的因素。不锈钢材料的加工与安装方法和普通碳素钢、铁材料基本相同，但在某些工艺上有所区别。首先，不锈钢材料在吊装和运输过程中，一般不能与其他金属直接接触，应加垫木板或橡胶板等非金属材料，以防损伤不锈钢材料表面光挺效果。其次，不锈钢管材在切割过程中不允许用普通砂轮片切割，应采用不锈钢专用砂轮片或等离子切割。第三，不锈钢材料及管、板、件定位焊接时应采用氩弧焊方法，焊后要进行酸洗和钝化处理。通过对不锈钢材料的工艺和加工性质的了解和掌握，可以有助于我们在选择金属材料特别是不锈钢材料时更为准确把握好材料特征。

图 5–1–8，在商业空间中利用金属圆管和方管组成的结构，除了功能上的实用之外，更是体现时代气息的材料表达。

图 5–1–9，同样是在商业空间中利用金属的网片组成的类似屏风的装饰，典雅而高贵、华丽，具有了别样的艺术情结，而屏风除了具有分割空间的作用，更有着对空间的视觉重组的功能。

图 5–1–10，利用汽车的金属框架结构的暴露式的设计效果，既体现了设计师的设计理念，又使展示有与众不同的视觉效果。

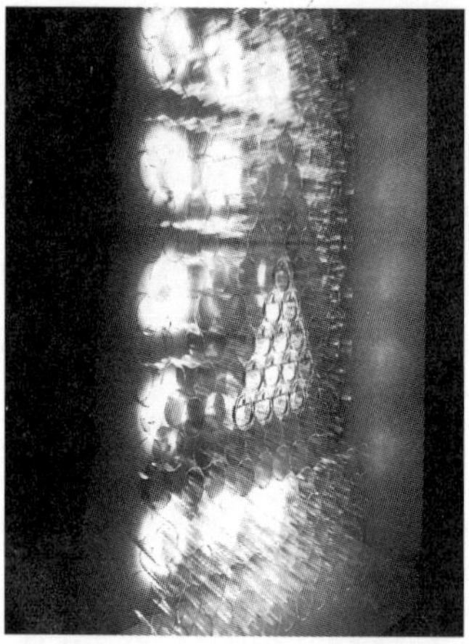

图 5—1—11，透明的塑料圆管的组合，通过部分的色彩变化带给我们的材料视觉语言非常的强烈。

图 5—1—12　塑料制品自然的排列的形态有时会带给我们视觉上的惊喜。

4. 塑料在展示设计中的选择应用

在展示设计中，利用塑料材料设计制作的展示、展具、展示墙面等展示空间已越来越受到设计师的青睐。目前，在展示空间环境中，塑料材料的运用以及由材料受到启发，以激发和影响着设计思想、观念的表现，也日渐成为每个设计师所关注的事情。在展示空间环境设计中运用塑料，以及利用塑料所形成的视觉、形态上的艺术性表现具有重要的影响。塑料因其易于成型、价格低廉、形态丰富的材料特征而成为备受重视的材料，随着塑料中新成分材料的组合和不同利用和表现，塑料越来越和金属、木材等其他材料的特性相接近，作为可以相互替代和利用的材料被广泛运用于各类展示空间环境中。

塑料的品种和类型非常繁多，加工工艺与方法也比较复杂，由此决定了我们在展示设计中如何去选择的因素。在选用工程塑料（ABS）作为展示的架构和形态塑造的材料时，就需要考虑该材料的特点和表面，它有一种硬朗、光挺、牢固的特质，比较适合在环境空间中的架构选用和部分需要支撑展品的展台、分割空间的架构和一些展具的表面处理。塑料薄膜材料的选用，则考虑其优点是自由形态变化不需定制，是一种比较柔软的材料，并可以在上面制造、印刷各式各样的图案、文字和色彩。而透明的或半透明的有机玻璃材料则通过其材料的通透特性来表达材料自己的语义，并在一些特殊的空间环境中利用该材料透明的特点来延伸和扩展空间的作用。

图 5—1—13　塑料片的圆形和统一的红色调给橱窗的视觉形象以非常时尚的感觉。

另外，还有些塑料材料被称为合成塑料，可以是如纸一般特性，也可以是如丝线一般的形态，在展示空间环境设计中所具有的特点和优势，如轻、薄的外形，自由的变形和制造视觉肌理的艺术效果，都是其他材料所无法比拟的。

图 5—1—14，规则、整齐的塑料形态的排列非常具有装饰的意义。

图 5—1—15，银雕布的展示板在展会中，展示简单的信息，有时，也会具有重要的宣传作用。

图 5—1—16，PU（高分子塑料泡沫）制作的片状的图形，作为较小的空间环境如橱窗的应用非常合适，也非常具有视觉的效果。

图 5-1-17，宗教的庄严、神圣的空间感觉，从环境、形态上都需要予以特别的关注，所以，应选用朴素、沉稳的材料作为空间装饰展示。因此，木材就是一个非常好的选择。

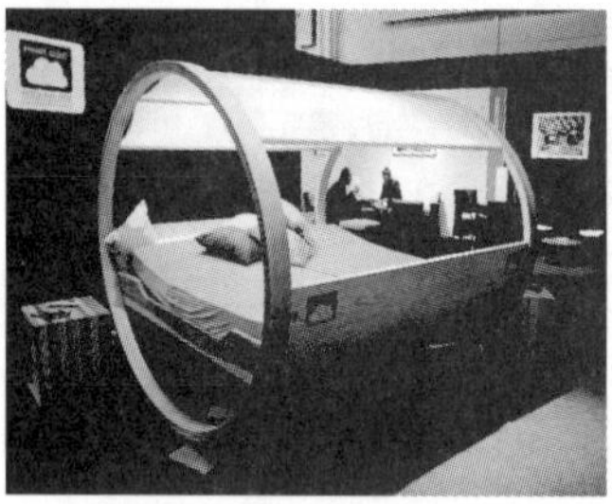

图 5-1-18，在空间环境展示中运用木材制作的展具，除了环保概念的提出，更多的是材料与形态在环境中的关系。

5. 木材的选用方法

在展示设计空间环境中，木材的选用可追溯到早期人们认识和利用木材的历史，“以石为刃”、“刳木为舟”是人类早期在生活中利用木材的写照。人们在生活磨炼的过程中逐渐认识木料并开始利用它来完成对生活的营造。木材的大量应用事实上是离不开金属材料的，加工木材的工具“锯条”就是人们最早设计制造的一种简单而实用的木工工具，相传在春秋时期，鲁班发明了墨斗、角尺等多种木工工具，至秦汉之时，木工工具种类和加工方法已日益成熟，人们对木材以及如何合理利用、加工选择木材有了一套较为科学的认识。北魏时期，贾思勰在其著作《齐民要术》中对木材的加工和利用有着较为详细的论述。木材因获得和加工比较容易，自古以来就是一种主要的建筑材料，特别是在我们的展示设计工程中更是非常重要的材料。

一般来说，木材可分为块材、板材、片材，在我们应用木材时又可细分为软材和硬材，展示设计工程中所用的木材一般主要取自树木的树干部分。下面介绍一下木材在展示设计不同环境和空间中的选用方法。

(1) 块材、线材、实木板材等型材

由于受木材组织结构、纹理形态等影响，选择的方法与其他材料有所不同。木材含水率对切削加工以及表面的平整有很大的影响，因为不同材料与由材料组成的形态都在展示设计表达中具有一定的视觉语义，因此，木材的块材一般在设计中作为顶部、墙面、展具的结构材料，线材主要作为展具的装饰、形象的结构表现，面材一般指较薄的木材作为展

图 5-1-19，选用木条，通过结构形态搭建的巨大空间展示环境，具有非常强烈的建筑体量感，这需要有一定的木材知识和对技术的了解和掌握。

示效果的体现可以和其他材料结合表达设计的概念，如在面材上涂上油漆、安排具有一定肌理效果的材料作为设计个性的表现等。因此，块材、线材、实木板材等型材，由于其运用的环境和空间的不同在选择上是需要考虑材料与材料之间的视觉协调关系的。

图 5-1-20，简单的木结构安排在现代风格和材料的展示环境中，看上去好像有点唐突，事实上，设计师就是希望通过这样的对比关系来达到设计的创意。

(2) 胶合板、刨花板及纤维板

它们的出现对展示空间环境的设计具有重要的影响，在展示空间环境的设计中，由于需要对空间和环境作一定的分割、安排，以及对展台、展具、展板形态、表面装饰效果进行设计等，因此，大量的胶合板、刨花板和纤维板得到了不同形式的运用。一般来说，几乎所有的展示展具都需要板材作为设计的要素，它可以是一面墙、一个展台、一个天花板的异形形式，也可以是展示的视觉形象牌的设计，因此，板材在展示设计中是广泛运用的木材材料之一。

图 5-1-21，一堆看上去不经意安排的木片，事实上这是一个小的装置艺术品的展示，说明材料本身就具有艺术的品质。

(3) 人造板制造工艺、木材改性和木材表面装饰

当今社会，科学技术的发展以及人们对审美要求的提高，新型的材料也在层出不穷，人造板、木材改性材料的出现，标志着木材加工工业已进入以综合利用为主的现代化生产时期，因此，在展示设计中我们可以看到大量运用这类材料，如复合单面板、刨花板、木纤维胶合板、纤维板等。在展示设计中，这些人造板材主要应用在展具的表面效果处理、一些结构的表面效果体现、部分展台的外部结构的展现等，除了我们现在提倡的节约自然资源的概念之外，更多的是这些人造板的材料特性既可以满足我们在设计中所追求的视觉效果，更有着价格和技术工艺方面的优势。

图 5-1-22 在室内环境中家具应用木材料是比较常见的，但是，我们可以通过材料的制作技术的变化和形态的变化来完成创新的设计思想的传达。

图 5-1-23，这是利用墙面涂料材料装饰的博物馆的展示环境。

图 5-1-24，这是在展会中展品利用木材制造的架子组成的展示效果，油漆的表面处理也是采用木材本身的色泽，非常有一种亲近感。

(4) 选择原则

除了以保护环境为目的的选择之外，更重要的是需要考虑适应展示空间环境设计中的装饰目的，事实上，利用木材，需要对木材有更为科学的认识，特别是在选用木材的过程中的应专注于材料对所需设计的环境和空间除了功能要求之外的视觉效果的影响，这应该是作为展示设计利用材料最重要的原则要求，作为设计师应该遵循这样的原则。

图 5-1-25、26，这是两张利用木材搭建的展会展架图片，木材所具有的连接方式、技术工艺，呈现给人们的是一种不同寻常的设计效果，在光线映衬下更有着材料所特有的质感。

6. 纤维材料应用

我们所说的展示空间环境中应用的纤维材料，种类丰富，它包括有天然纤维、合成纤维、金属纤维等。在选择应用时我们事实上需要根据其加工技法的不同，以及形成的不同形态来选择，纤维材料的形态可以是平面的也可以是立体的，当被设计和安排在不同的展示环境和空间、展位区域、展具、不同空间的分割区域等时，要使材料形态与空间展示环境融为一体，使参观者感到视觉、触觉之美的愉悦，这才是纤维材料在展示设计中最重要的意义所在。

纤维材料形式和工艺方法一般有染、绣、编、结、缠、绕、缝、缀等，平面形式：如挂毯、面壁纤维装饰等；立体的有纤维雕塑、空间装置形式等。我们讨论一种材料的选用原则时，应该看其材料形式的变化如何与展示环境融为一体、相得益彰，成为一件精美绝伦、品位极高的艺术作品的目的。并由此通过纤维材料的运用，建立起更宜人、更绿色环保的室内空间环境的展示氛围。在现代室内展示空间环境设计中，纤维材料与其他硬质材料的结合应用已经越来越受到重视，并正在成为现代室内展示空间环境布置的一个重要组成部分。

图 5-1-27，利用藤条制作的圆形展示装饰品，与真实的树木形态完美的结合、统一。

图 5-1-28，利用网格布制作的展示墙面效果，从局部的肌理特点来看，非常具有材料的质感和形态立体感。

图 5-1-29，利用网格布材料制作的墙壁效果，立体形态与材料本身的特点表现尤为突出。

图5-1-30，在展示空间墙面上安排青石片的装饰效果，目前许多的室内空间环境中运用较为广泛，同时，在设计的理念上提倡了一种把自然元素引入室内空间的概念。

图5-1-31，瑞士ROCKSRESORT酒店，运用有纹样的大理石材料装饰整个空间环境的视觉效果。

7. 石材与陶瓷材料选用

石材与陶瓷，作为建筑主要用材，它具有一种天然特性，在室内展示环境设计中的应用越来越广泛，特别是作为展示空间环境设计中基础材料的选用，更是设计师完成展示基本框架的前提。这类材料属于天然材料，在当今提倡保护环境、绿色生态的设计概念的实施过程中，更是有着得天独厚的优势。另由于其材料较坚硬，因此作为比较固定区域和需要展示较重要的展品时选用也比较合适。

作为天然的材料，其本身的特性使得我们在设计选择应用中充分考虑其材料生产加工的方法和技术。

由于其材料的硬度较大，加工相对复杂，在材料的加工方法上需用硬度高的金刚石刀具或磨具进行切割或磨抛加工，因此，材料表面的视觉肌理效果就会被设计师作为设计的元素运用。如，石材坑坑洼洼不平的表面、陶瓷材料的丰富釉色等，另外，目前一些新型石材和陶瓷的加工方法，如高压水射流法、超声波法、激光法等，我们除了可以提高材料的性能和降低材料的价格，更多的是通过材料加工应用，使石材或陶瓷材料在展示设计视觉形态表达的运用中可以得到更充分的发挥。

图5-1-32，在室内展示环境中，大理石材料是一种非常高贵、典雅的石材，在整体环境的形态呼应下所体现的视觉语言尤其可以说明材料的特性。

图 5—1—33，小型石块材料组成的地面与轻质材料的搭配，更能突出材料的各自特点，布料上的星形设计与地面的材料相互呼应，达到统一的视觉效果。

图 5—1—34，大型块状石材作为展会的大门入口，非常具有震撼的力量感，与玻璃透明轻质材料的搭配更能体现材料的特点。

图 5—1—35，花岗石材料的技术加工手段的创新，使得原本看上去比较简单的展示效果变得更为丰富。

图 5—1—36，在室内向外看的展示空间中，除了利用金属雕塑来体现空间的距离感之外，更重要的是利用不同材质的地面材料来体现室内和室外视觉对比。

图 5—1—37，展会活动中的展具设计形式，应该包含着搭配的形式与整个展示效果多个方面内容的相互联系的概念。

图 5—1—38，有规律的编排玻璃的形态，如同是马赛克的材料肌理所呈现的视觉效果。

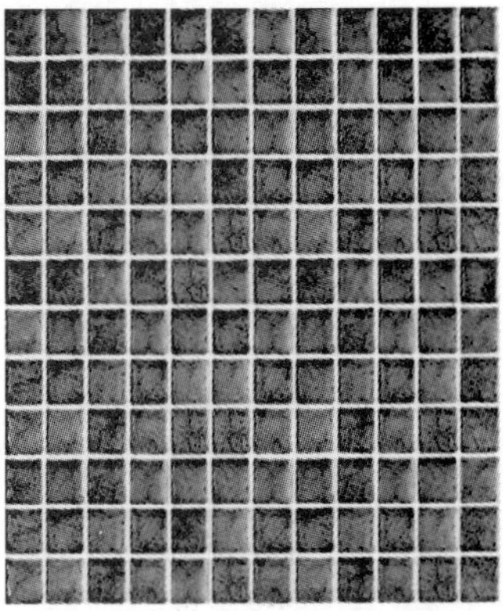

图 5—1—39、40，两张图片为马赛克的实际应用效果，分别为内、外墙面处理的效果。

图 5—1—41，这是利用石材的材料肌理所呈现的视觉效果。

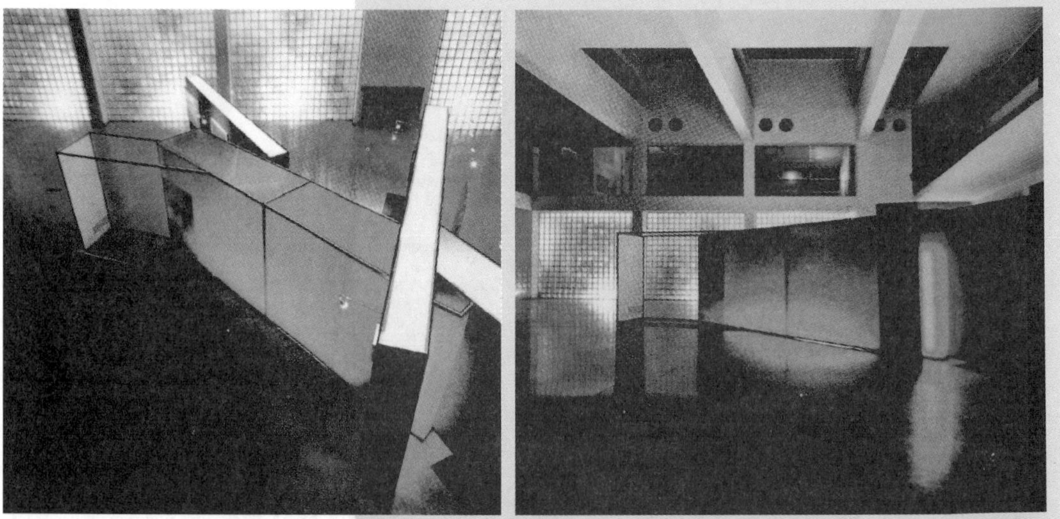

图 5—1—42，几何形态的展具的搭配，与周围环境和空间的形态的一致，达到了一个非常统一的视觉效果。

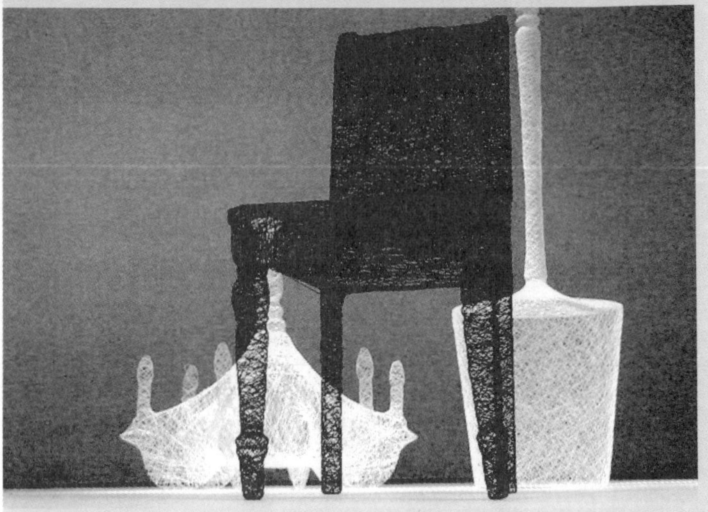

图 5—1—43，整个家具利用纤维材料包裹，形成一种家具清纯的架构，这是材料在展示效果上独特变化和想象的设计创意体现。

课题训练：

在展示设计的课程中，我们除了选用纸张、塑料、金属、木材材料等，选用的原则可以说是具体表现在展示设计的思考中，因此，了解材料的种类、形态变化的加工方法、材料的优缺点以及了解什么材料在什么空间、环境中的安排、采用什么工艺加工、设计制作成什么形态等等是该课题的训练内容。学生可以尝试着利用几个不同品种的材料，尝试把这几种不同材料运用到一定的展示空间环境中。

第六章 展示设计材料与形态关系

1. 材料与形态

只要是材料就可以被设计，只要被设计就会有形态。从广义上讲，材料可以被制成我们生活中有实用功能（价值）和审美功能（艺术）的物品，如金属或木板可以制作成展示汽车展品的墙面，木材、塑料板材可制作展览的展具、展架、展台等，展示设计所应用的材料，只要通过设计师有效、合理、有创意的设计，都可以从一种看似一般或者是单一功能的材料（可能仅仅具有保护、防水、阻拦等功能）转化成一种经过精心思索、多元设计因素考虑并最终成为有意义的产品。从金属材料来讲，从最初的矿石一直到被人们设计成为无数种类、各式各样有用或仅仅作为装饰、美观功能的物品，这个过程就是我们设计材料和形态关系中最关键、重要的、精彩的、引人入胜的部分，也是我们不断探索追求和研究的内容。

观看一张二维的展示设计稿将它转变成三维形态是一个设计师必须具备的能力，同时，也需要通过设计来体现材料的特性与所塑造的形体，有个性的设计师对这样的形态与材料的运用是丰富多样的，它能给每位观者带来对展示环境中形态与材料的和谐统一，如同艺术品欣赏一般的感觉。德国宝马汽车展示厅的设计效果就说明了这样的一个效果，水平形态常常具有一种宁静、安全的感觉，这也许与钢铁形材那种规挺、坚实的材料品质有关。在香港中国银行的办公室中，水平直线居于支配地位，从而给人以一种优雅宁静的感觉。甚至沙发椅子也呈方形，它们很低，与地面接近，从而增强了稳定感。于是这种布局向人们传达了这样一个信息：人们可以确信无疑，这个银行是可靠的，值得信赖的，它拥有充足的资金。斜线形态则会让人产生一种生动感觉，或者说是

图 6–1–1，在玻璃的材料上印上图形花样，我们可以感受到在材料上的独特选择和设计思想上的创意。

觉得充满着一种活力。垂直线占据优势通常不会给人这种稳定感，除非这些垂直线扎根于明显的水平线上。相反，垂直线暗示了对地心引力的挑战或者是对它的逃避。明显的垂直线，将不同类型的线条组合在一起就像为一支管弦乐队谱写一首曲子。如果不同乐器的声音不能和谐地融合在一起，那么结果将是刺耳的音调。艺术家可能会故意制造这种视觉的混乱。这样不同的形态与不同的材料的组合是我们在展示设计时所关心的课题，也是我们在实际的设计任务中一直需要不断思考的。

图 6—1—2，柔软形态有规律的排列，组成一种架构形态，安排在空间中体现着设计师的设计理念。

本节重点以及学习提示

材料的形式美感通常是与材料肌理、结构、形态、色彩等联系在一起的，通过对材质的理解、材料的运用过程中所呈现的视觉形象，结合展示设计中所遵循的选用原则相结合，我们可以尝试利用一两种材料肌理的视觉效果应用的展示空间环境中。本章论述的主要内容是材料与形态，它是组成一种或多种肌理效果的基本内容，在一个展会的展示空间环境中，形态变化中材料的应用有着非常重要的设计内涵，这样的内涵的特点我们可以称之为有意义的设计，尝试选择一到二张图片来分析和阐述形态变化与材料选用的设计关系。

图 6—1—3，形态的组成需要有一定的材料支持，形态结构与材料所呈现的质感，体现了设计的思想。

图 6—1—4，古老地窖的时代沧桑感是通过空间环境中砖墙与石头材料的肌理和光线所营造的。

2. 材料与色彩

材料的色彩应用，其特点为通过材料本身呈现的材料色彩展示环境以及空间中的光线因素对材料的色彩形成的影响以及营造的展示空间环境气氛效果。不管是以什么材料的表面色彩进行设计，还是给这些材料添加颜色，色彩都是展示设计中能够以许多方法处理的非常有效的艺术表达语言。如金属材料的表面色彩的处理一般是必不可少的，不管是不锈钢材料还是一般的钢制材料、铝制材料，我们一般都会赋予其基本的或想象色彩，以使得色彩变成材料的辅助表达形式的一个方面。在会展设计中，事实上，我们还需根据设计任务的不同调整其材料对色彩表达的要求，以使得材料与形态、色彩以及整体设计思想的统一、和谐。

图 6-2-1、2、3，BUSETTI 和 GARUTI 设计工作室的浴室产品展示空间的设计效果，采用了不同色彩的分割、安排来体现时尚的元素。

本节重点以及学习提示

色彩的视觉效应，可以通过寻找一件日常生活中常见的材料制作的物品，给其涂上颜色，观察它以什么样的方式表达出现多少种不同的视觉效应。你还可以把一种材料本身的色彩改变成另一种色彩，如把黄色的香蕉涂成紫色，或者你还可以给它的表面涂上条纹之类的抽象图案或者再现性的图像。你再观察同样材料上的不同色彩所产生的视觉、心理感受，还可以在展示设计的空间环境中应用色彩的变化（色彩推移方式）来感受色彩的变化效果。

图 6-2-4，这是通过材料的形态与色彩的变化所得到的材质感，突出表现展示的视觉语言。

图 6-3-1，材料的肌理效果除了材料本身的作用之外，还可以通过在材料上采用技术的处理达到视觉上的艺术追求。

图 6-3-2，通过印刷在布材上的立体形态达到视觉的肌理效果。

图 6-3-3，在展示空间中采用具有不同形态的纤维材料的悬挂物来达到视觉的感受。

3. 材料与肌理

(1) 肌理趣味——真实可信的性格

肌理是通常与质地、材料紧密联系在一起的一种艺术表达形式之一，把各种肌理安放在一起，研究它所形成的趣味以及如何组织、怎样搭配最为合适，这对于设计是非常重要的，在自然形态的肌理效果中，构成肌理的要素有：形式、光影、触感等，这些要素如果没有一定的设计与制作，那么它们的位置、组织、大小、色彩等的配置不可能成为具有一定艺术需要的形式美感。所以肌理是由人类的造型行为所造就的表面效果，是在视觉、触觉中加入某些想象的心理感受的东西，肌理的美是动感的、想象的、实用的，在自然状态下的肌理创造更强调自由性，不同的材质拥有不同的肌理。不同的肌理产生不同的体验乐趣。而设计师的性格和天赋则往往会透过他所喜欢使用的材质和肌理在其作品中显现出来。日本“松下”电器展馆的设计作品，把梦幻一般的蓝色环境与地面光挺的感觉和产品结合起来，这些变幻莫测的蓝色肌理线条，光影的流动和平整的地面形成的对比关系是其设计的最大亮点。特别是在材料方面利用了金属铝板类的材料形态，被分割得非常优美的几何形的形态，精细而具有现代时代的美感、也具有一定的文化风格。当今世界先进的技术和丰富变化的材料使得设计师和艺术家可以得到大量的新型材料，加之当代富有创意和灵活多变的美学思想，也使得设计师可以使用他们选择的任何东西在展示设计中应用。如从塑料到纤维材料，金属到木材甚至于毛皮和自然的树木等，只要这种材料能在展示活动中起到视觉心理感受的作用，或通过材料表现能行使其在展示空间中所要求扮演的角色，那就是设计师需要去努力的方向和目标。在日本的部分展示空间布置设计的作品中我们可以感受到通过不同材料设计和搭配在展示空间环境中的富有戏剧性变化的特点，这些特点有着鼓励人们探索和更好地去认知高新科技材料的潜力，同时，也可让人们认识到材料在设计中用于某种实用目的时所表现出来的审美因素。当然，展示设计中关注的各种设计要素——形式、空间、线条、肌理、光线、色彩以及各种设计原则——重复、多样、节奏、平衡、强调、简约、比例等应该说都与我们所说的材料应用分离不开的。因为，材料的运用过程中需要通过这些设计的要素来体现效果，另外，肌理还可分为“设计肌理”和“自然肌理”。设计肌理就是我们平常所说的“肌理”，它有别于质地，是由设计师在造型设计的时候人为设计造成的材料表面效果，是设计师在视觉、触觉中特地加入个人某些想象的心理感受。使材质的“美”因此更加生动，所以说，设计肌理是动的、实用而智慧的。设计肌理的创造更强调的是造型性。正如我们前面注意到的，最熟悉的例子是经过雕琢的石头看起来有着较柔软的肌理。许多作品都呈现出某种与材料的实际肌理并不相符的只能用眼睛感受的视觉的肌理，有时，艺术家还以其巧妙的实际肌理的刺激借助视错觉使观者感到无比的惊奇。把各种肌理放置在一起进行研究，去发现怎样将它们进行搭配最为合适，这个训练对设计师来说是十分有益的。

图 6-3-4，有冰块、石块和条纹形态地面材料的设计，把几种不同的材料安排在一起，综合性和具有一定的设计创意，丰富和具有视觉效果。

(2) 一种材料的处理获得三种以上的肌理效果

把各种肌理放置在一起进行研究，去发现怎样将它们进行搭配最为合适，这个训练对设计师来说是十分有益的。肌理构成的要素有这样三点：形式、光影、触感。在进行多种肌理的构成中，要注意它们的形态和组织、位置和大小的变化而产生的不同美感。相同的材料在进行肌理设计时，因为材料本身已经具备了统一协调的基础，设计师只需考虑如何在材料上根据造型设计的不同来达到肌理视觉的变化，而不同的材料放在一件作品中时，由于材料与材料之间本身已经具备了对比和变化，包括了形状、面积、色彩等，这时，设计师需要考虑的则是作品怎样才能达到光影、触感、心理、视觉等感觉上的协调统一。

图 6-3-5，在墙面上描绘图案来创造视觉肌理是一种比较简单而容易出效果的方法。

图 6-3-6，简洁之美在展会中的应用应该是具有独特风格的体现。

图 6-3-7，依靠现代高科技成就的视觉肌理表达，通过运动变化的形象来展示环境的内容。

图 6-3-8，华东师范大学设计学院的展厅设计，通过几何形的结构和视觉传达形象的对比关系，形成视觉上的肌理变化效果。

(3) 视觉的肌理

许多展示设计作品中呈现出某种与材料的实际肌理并不相符的只能用眼睛感受的视觉肌理。在展示设计中，也会运用这样的方式来达到视觉上的肌理感受。有时，设计师还以其巧妙的真实肌理效果来刺激观者以使其感到无比惊奇。人们在了解材料肌理设计效果的时候，往往以为是由一些性格粗野的人用粗糙外表自然制成的效果，实际上这些效果是设计师精心制作的材料视觉肌理的设计意图，是它作为设计中艺术功能所表现的新设计风格。所以，我们需要通过学会将这些不同材料与柔软的视觉肌理联系起来，获得一种与你眼睛所告诉的可能完全不同的视觉触感。

(4) 制作的肌理

对其外表进行加工处理，改变它的视觉肌理，并影响创作者的观念，新的视觉效果可以用表面涂色或者类似画面的方法来创造或者你能够设计的别的光效果来改变作品的视觉肌理，在展示设计形态中经常会出现用不锈钢材料的面与面的组合，管材和板材的结合，镜面材料和哑光材料的对比，黄铜和红铜，白银和黄金，铝材和锌块，铁和钢，铝箔的褶皱延伸的效果创造。这些材料形成的奇特的展示表现形式使得设计师创造出许多不同的肌理效果，有时还会在材料的表面进行加工处理。出于种种需要，各种材料可以经过雕刻、爆炸、磨光、碾压、捶打、扩充或者编织等方法加工处理。除了增强作为一个实际三维物体的肌理效果，还吸引我们拿作品的肌理和它的环境进行比较，让参观者去体验材料的肌理美感。

图 6-3-9，利用一些类似工业产品的零部件组合，表达展示形态具有的时代特征。

本节重点以及学习提示

材料的肌理表现的学习一般可由两个部分组成：一是对原材料本来的肌理通过我们有意识地选择、表现；二是被设计加工后的肌理效果表达。所有这两个方面，都需要通过运用不同的设计、加工工艺方法、材料特点的了解得以实现。由于在展览活动设计表现形式中所需要体现着不同材料的肌理效果来体现展示设计的独特思想，所以，展示设计中对材料的肌理表达方法和应用更关注的是通过材料本身结构和表面形式所呈现的肌理效果来完成设计师的构思。

图 6-3-11，看来不起眼的小配件有时也会在展示空间视觉效果中起非常重要的作用。

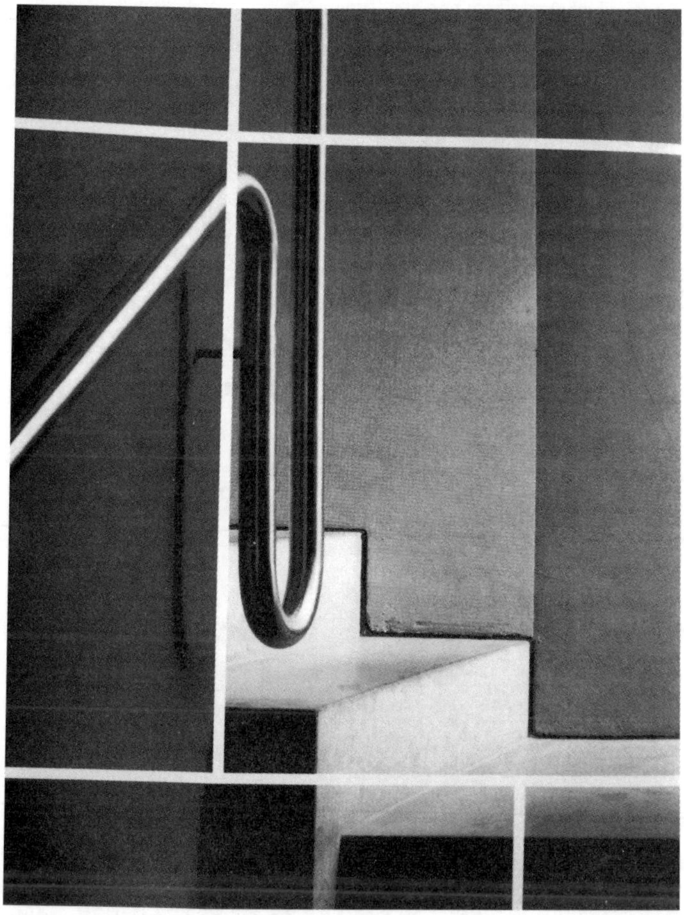

图 6-3-12、13、14，透明的弯形的通道形态没有竹条材料的通透质感就不可能具有如此优美的韵律感。

图 6-3-10，汽车展会中的金属架子所形成的视觉肌理效果，使人再次感受到展示材料的魅力所在。

图 6–4–1、2，工程塑料材料作为外墙表面材料的运用，工业时代的生硬感通过材料上不同的色彩变化而淡化了其特性。

图 6–4–3，背景的平面化形态与塑料管的前后关系处理，除了运用光线来拉开距离，更是通过这样的方法处理，形成了我们称之为“明暗关系”的视觉效果。

4. 明暗关系与光的作用

说到明暗，则必须涉及从平面背景中叠起的三维形体，展示设计的展台和展板等形态应该说都是利用二维至三维形态的转化过程，所以，明暗度的对比关系可以把展示设计中的形态和宣传图式联系起来，而且可以在视觉上将作品与周围空间环境统一起来。明暗关系可以帮助我们创造展示设计作品的空间感、形态完整性。同时，也可以提升展示作品的空间环境效果。另外，明暗度的对比，除了可以刻画形体之外，还可以让我们看清表面的肌理。这就是展示设计中的光的作用因素。光是在作品的设计和欣赏二者之间考虑自然光线对作品影响的重要问题，当一件作品在自然光线正常状态下和在人工光线照射下往往是大不相同的，特别是一件展示设计作品的形态（其中有造型、轮廓、色彩、材料肌理效果等）不同，那么接受光源影响的程度方式也不同。在其受强光照射的表面和背光阴暗部分之间形成了生动的对比，反之，该阴暗部分也就会显得非常单薄和对比变化减弱，任何被置于室内外的展品都会受到变幻莫测的光线条件的支配。虽然这些光线条件的支配有技术的问题不由设计师来控制，但有时它们仍可被设计师所规划和设计。而且不管怎样，自然光线的角度和强度的变化都可以增强审美体验的生动性，因为光线的变化使作品自身在情绪和视觉效果上也会不断变化。同时，这一切将会影响作品的欣赏者，所以一般来讲自然或者人工光越强烈，所产生的明暗对比度也就越鲜明。由此作品的形象也就更鲜明。有时，不锈钢材料表面镜面可以倒影出周围环境的形象和景色以及光影斑驳的效果。金属雕塑上会出现其周围建筑物投下的阴影以及金属特有的光泽。

图 6-4-5，在较暗的空间环境中灯光的作用非常重要，特别是作为比较纤细的结构材料，通过色彩和光线的安排，营造一种体量形态变化的感觉。

本节重点以及学习提示

材料的明暗关系的处理关系到设计师对材料的特性的充分了解，什么材料有反光的、透光的特点，这就给设计中形式的变化和创造新意识提供了可能，而有的材料是无法得到反光效果，那就利用其材料特点安排设计在展示空间环境中。

图 6-4-6，在白天的环境中，同样一种木材质感的肌理，在与自然光的作用下所呈现给我们的感受是不一样的。

图 6-4-4，在一个环境中我们可以通过变换不同的色彩、光线达到一种意境，图片中，是在通过一定技术的处理情况下得到的视觉效果，实际上明暗和光线在这起了重要的作用。

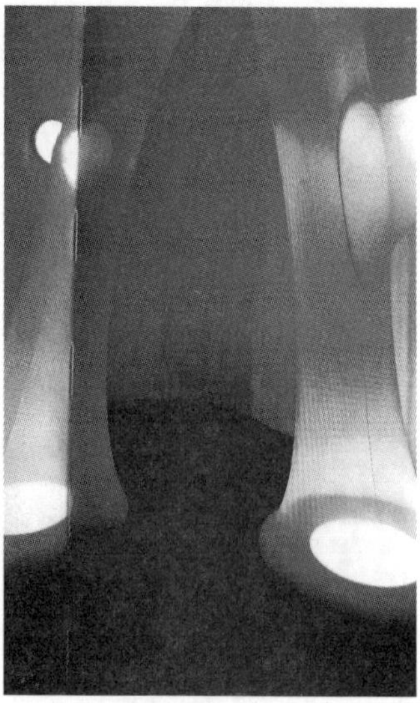

图 6-4-7，利用地面安排的灯光和透明材料所特有的视觉效果得到的非常具有强烈视觉冲击力的展示效果。

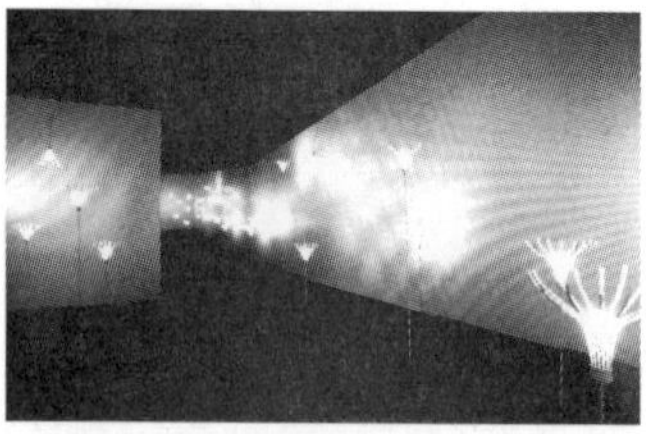

图 6-4-8，利用小的、特别的形态灯光效果，通过干净、平整的墙壁衬托使得光线形成视点集中的效果。

图 6-4-9，利用聚光光源对物品的照射作用，达到在展会展示空间中的视觉中心的效果。

5. 重复与节奏

设计师通常都竭力回避因作品全部落在阴影中而造成的一致的明暗度。然而从另一方面来说，这种情况有时就因为环境所产生的阴影的关系也会对艺术品起到某种强化作用和与众不同。另外，利用反射光应该说也是非常精彩的展示设计部分，它是突出形象的轮廓最好的方法之一，试想，仅仅具有光源、投影、造型，没有反射光源的点缀，一种作品实际还是处于平面化的轮廓不清的状态，一些作品的原有直的边缘和可有弧线的轮廓则无法表现。任何金属，只要对表面作一定的处理，即可能形成一种反射的光泽，有时如同玻璃和镜子一般，形成一个光的反射体，设计师则可以根据其发生和形成的特点来做一定的选择。粗糙暗淡的表面往往吸收所有照射于其上的光线，而光洁明净的表面则可能将光线反射给观者，使物体看起来好像焕发出内在的生命。经过高度抛光的金属平面还会反映其周围的环境；而经过抛光的曲面则会对其面前经过的任何东西呈现出变形的映像。当活动的东西在其周围移动时，因抽象的映像不断变化而活跃起来。在我们的三维世界中，许多物体都具有这种反射的性质，只是我们很少驻足欣赏在其表面上演变的图形罢了。如利用镜子、擦亮的玻璃或水景这些都可以被设计师用来作为展示空间和环境中反光效果的表面媒介。在其上通过设计思想的创意完成各种各样的图形和形态的视觉变化。当代会展展示技术可运用定向光线，也可用其他技术来塑造展示形态的形式和线条，包括材料的色彩和肌理。例如，利用激光的光束就可以产生能够直抵天空的彩色光束和意想不到的形和色的世界。

当代物理学和计算机技术的发展，使得照明为空间效果以及在这种环境中的金属二维和三维的艺术品的创作提供了服务，作品被这种人工光源扩展了其更广泛的意境和想象力。同时，通过光线的变换和移动更使得作品呈现出各种各样的形态。人工光源的利用给空间创造提供了更大的自由，有控制地使用人工光源可以不受制于自然光源那种天天都发生的变化。如果运用得当，人工光源可以大大改善艺术品的审美成效。而人工光源，从一盏小小的强聚光灯到一排排照明灯，都可以根据艺术家觉得最能发挥效果的地方来安排。由于通常光线是直线传播的，所以形态也比较单一，现代照明技术的发展，氖管和光纤维的产生却使得我们在展示设计中应用不同光的照射效果变化可以使光线沿曲线传播，达到创造出美丽的形态各异的光弧绚丽的展示形态。

材料应用的重复安排也常常会在展示设计中作为一个重

要的形态设计被利用，在展示设计创作中重复和多样往往会产生某种视觉上的一种音乐节奏感，如同音乐的拍子和旋律，它是一种或多或少的有规律的样式。我们在展示设计的材料应用结构上也同样存在有机动态的连续的线和面的关系，特别是同一种材料的重复安排和不同种类的材料的重复安排在视觉上是有着完全不同的效果。在实际的展示应用中应考虑这样的形态与材料各种有效的表达含义，如塑料板的整齐排列在抽象形态意义上的效果，是不是可以看做展示视觉的路径，给人一种透视的远近关系的体现，另外，同一种类的材料安排在高低不平的展示空间环境，这样的变化节奏形态给人的视觉效果又会是如何呢？

图 6–5–2，利用不规则但有形式感排列的屏幕，呈现一种空间视觉上的飘浮感，同时，具有了一种音乐上的节奏感。

图 6–5–3，这是一个主题的作品，选用了装满水的塑料袋，然后整齐悬挂在空间中，稳定而均衡。

本节重点以及学习提示

材料的重复运用和节奏把握看上去是材料本身结构和安排形式变化所呈现的效果，事实上，这需要我们在设计的过程中了解材料的特点。有的材料在展示设计的安排中可以利用其本身的结构或形式重复排列在空间环境中，得到一种整齐划一的美感，有的材料则需要通过不同形态的设计达到视觉上既有变化又有形式的设计效果。

图 6–5–4，苏州博物馆内走廊顶上的木结构材料的应用。可以说是非常的中国化的设计，端庄而稳重。

图 6–5–1，整齐的排列所形成的一种关系在展会环境设计中有着整齐、规范的象征意义，它还可以快速、清楚展示产品的主题。

图 6-6-1，大空间和小展位的体量对比所形成的亮的正形和暗负形关系，目的是为了视觉中心更为集中，吸引我们的眼球。

6. 均衡与对称

平衡，我们讲的不是重量的对称平衡或中线均衡，而是一种达到逼真的动态和静态的分布。我们在设计中更多地是讲一种对称和均衡，而事实上我们在展示设计中经常在应用着非对称和均衡的形式或形态。匈牙利出生的设计师伊娃·蔡塞尔说过：“不对称就是表达创作思维的主要方法之一，事实上不对称是一种风格，我不知道它来自哪里——它对抗经典的构成方法越来越成为成千上万产品与建筑的流行式样。”另外，一位设计艺术家格里·古洛塔也认为：“虽然对称是一种很优美的形式，但是，对称性的东西看起来太直白，它缺乏探索精神，缺乏深入思考。”因此，虽然我们在展示设计的过程中把对称和均衡的创作思想看为具有一定积极意义的事情，实际上，利用不同材料自身的变化以及形式来探索对称和均衡会具有更广泛的意义，如利用对称和均衡的形态的同时搭配不同的材料就会创造出不单是一种简单的形式美感而为更具有丰富内涵的设计形态。

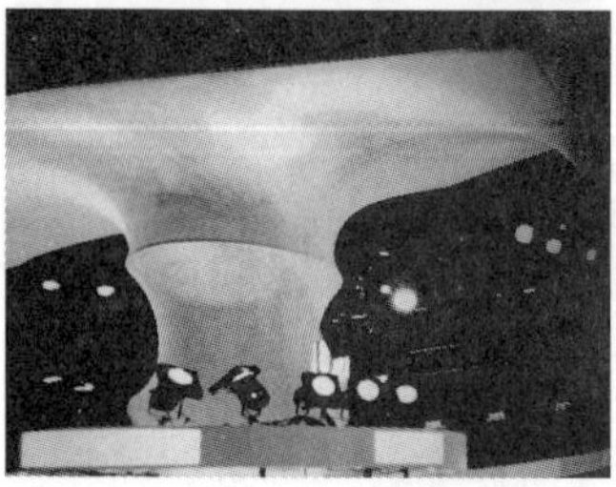

图 6-6-2、3，这两幅都试图通过不规则的形态来展现暗的区域与亮的区域之间的比例、大小的关系。

7. 比例与正负形

一般比例我们可以分为整体比例和相对比例。整体比例是指组合形体的特征和整体轮廓的比例关系，它是指一个形体内的各种比例，长、宽、高的比例关系。相对比例是指一个形体与另外一个形体之间的比例关系。作品的比例关系在展示设计中主要是指在展示空间环境中的形态比例安排和不同材料的合理安排、配制方面，如，在一个展示环境中一般我们讲可变的软材料的比例不能太多，同样，钢铁这样的硬材料在一个服装方面的展示空间中也不应该太多，这应该说它在空间环境中的安排不是一个孤立的形态和材料问题，它是一个全面考虑的安排的事情。各种形体的比例与材料应用的比例都是有一个统一的关系，它始终要求对那些纯粹代表性形体重新调整，通过设计形体和材料形态的对比设计，即设计构成中不同形体的各种元素之间的力量平衡关系，另外，形态与形体、材料的充填空间和未充填空间之间的视觉关系，观者与这些形体的空间关系如何把握由此发生的变化等，都是我们在展示设计中需要认真考虑的问题。

图 6-7-1，在展示的空间环境中，一般我们会有意识地通过形态的变化、形式，确定展位的尺寸、数量、色彩以及灯光的安排，达到视觉上的舒适。

8. 抽象形态体验

抽象形态的视觉体验主要是由抽象形态中一些主要元素组成，一般是以构成形态为基础，它包括了一些对比形体抽象意义的设计和表达，另外，形成抽象体验还可以通过相互变化形态与材料本身特性来创建、形成视觉上的体验效果。在展示设计的运用中，对空间与环境的体验设计中，经常会利用一些空间分割而形成的形态、空间中设计特定方向感、利用空间中的张力平衡的设计形式来更进一步地理解抽象形态的体验。另外，在展示设计中，抽象的形态与材料的触摸体验的形成就是通过我们在设计过程中对不同材料的认识和了解，再把这样的理解形成概念，运用到展示的空间和环境设计中去。有时我们的设计会运用非常简单的形态和材料的表面的处理来完成一个展示的设计，这就需要我们有这样的一种抽象的设计意识和表现方法，特别是对于抽象形态的理解和运用的意识。

图 6—8—2，几何形的搭建，在一定意义上除了具有实用的功能之外，更多的是一种人们对抽象形态的认识和感知的程度。

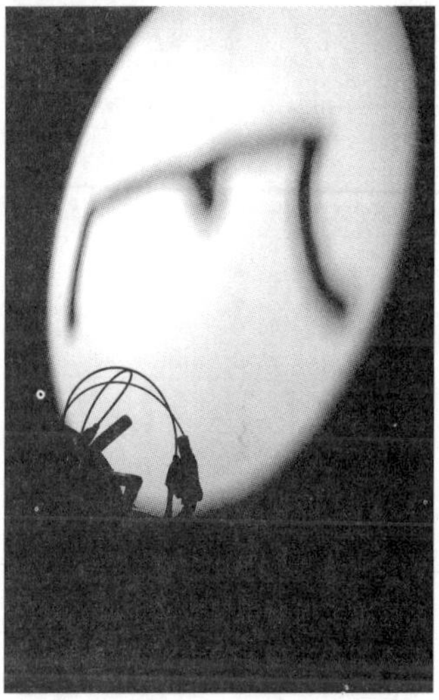

图 6—8—3，展会中运用影像作为展示的主题，对整体的概念形成有着积极的意义。

图 6—8—1，几何形的搭建的商业展会，除了具有实用功能之外，更具有一种对抽象形态的认识。

图 6—8—4，橱窗设计是以小见大的一个比较独特的空间设计，在一个有限的空间中，设计师创造出了一个视觉上非常庞大的环境。

图 6–8–5，一件雕塑作品被安排在一个特殊的空间环境中，并采用一种与环境形成对比关系的材料来表达与众不同的设计思想，让人们去感受一种抽象的设计语言魅力。

图 6–8–6，展会中利用卡纸或塑料片来制作人形，并作为空间环境中的主要形态，看上去是真实形象，事实上，这是通过艺术加工后的抽象视觉要素。

图 6–8–7，简洁、整齐和有规律地安排金属透明网片，制作展板看上去没有多大的意思，事实上，抽象的装饰形态、有意味的美感已深深吸引了我们的目光。

图 6–8–8，在圆形的内部面体上设计文字，作为展示的专题内容，让人有一种非常直接的抽象表达意味，展示效果非常好。

图 6–8–9，地铁车站的内部展示环境，几何形的结构产生的意味以及现代感强烈的金属板材料，非常的时尚。

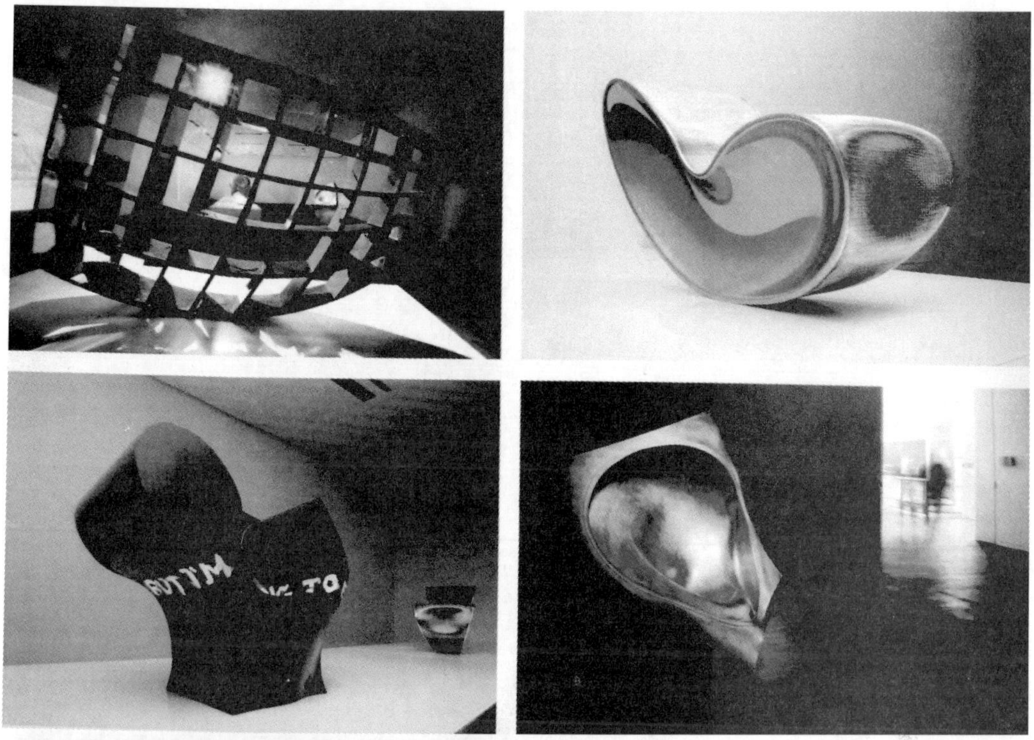

图 6-8-10，这四张图片分别通过不同的抽象形态在空间中的展示，告诉我们真实的形态传递信息与抽象的形态所传递信息的差异，一个更具有设计的意味，而另一个更具有文学的描绘性质。

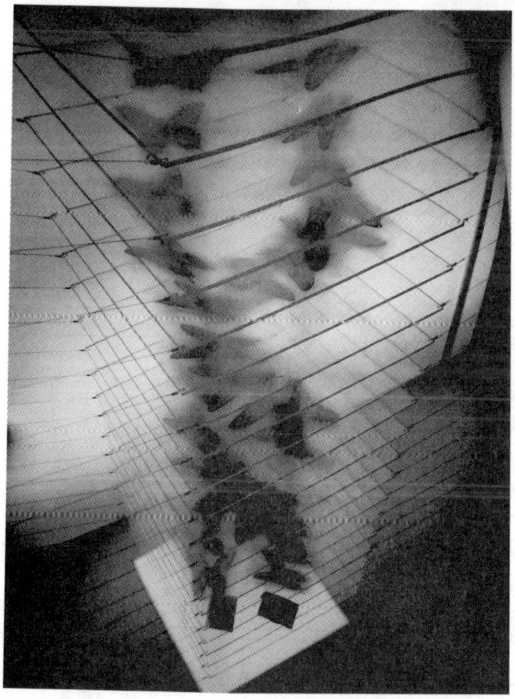

图 6-8-11，金属丝和纤维薄膜所构成的形态，完全通过非描述性的视觉语言而告诉了我们艺术的所有特性，那就是不需要通过解释而更多地去感受材料和形态的美感。

图 6-8-12，纸质材料的包裹，通过金属线的结构支撑，完成了像灯一样的作品，非常的浪漫和富有情调，这是材料和抽象形态所特有的视觉感受。

图 6-8-13，上海火车站的外观形态，几何形的曲线美感给人的视觉欣赏，从中我们可以在展示设计中得到很多的启示和借鉴。

图 6-8-14，在整个的商业展示环境中运用长条形作为空间的分割，这种抽象的设计理念非常有品位和情调。

课题训练：

在本章节中我们可以通过至少三种不同材料的运用方法，如纸张、石膏、硅胶，或是混凝纸浆、光纤、软金属线，或黏土、蜡和容易成形的材料创造一件展示空间的三维模型作业，如何使用这些材料、利用这些材料制作出什么样的形态？怎样把它们互相连接起来？这些材料在一起产生什么效果？这就是我们在课题中需要去思考、理解和训练的内容。

第七章 从教室到工作室的实验教程

1. 概念阐述

设计概念的形成需要通过一些具体的表现形式来完成，平面图虽然可以解决空间的结构设计与施工要求，并不能替代人们对展示空间效果的直观感受，我们一般需要通过概念的效果来表达设计创意思想即设计草图。草图、构思效果图是非常重要的一个设计表达内容，一般来说，效果图或称之为草图的都需要利用透视的技术来表达所思考的展示空间效果，所以，需要掌握描绘空间效果的透视基本技法，如一点透视（平行透视）、二点透视（成角透视）、轴测图等。

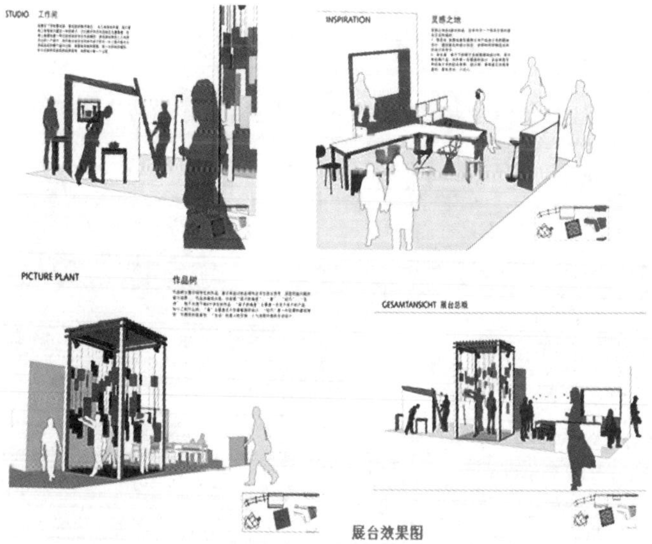

展台效果图

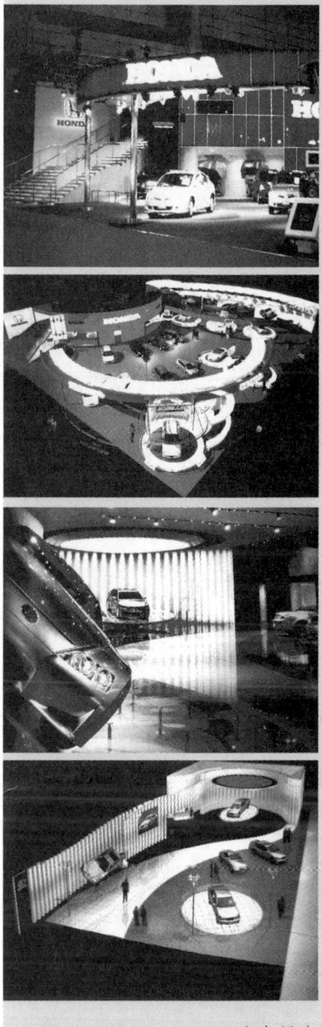

图 7-1-3、4、5、6，汽车展会中的展示效果图和完成的实际效果，设计的完善可以帮助我们在整个展示效果上的把握。

图 7-1-1、2，这是一组展会的设计表达效果图，会展的主题通过形态与材料的色彩、结构的变化完成。

图 7—1—7、8、9，这是一组利用蜂巢形态结构的变化形式设计的汽车展会的展示效果。

图 7—1—10、11，PHILIPS 电器公司的展示空间的设计稿与完成的实物作品例图，利用一个较为时尚的很大器的“X”形态作为创意主题，视觉效果非常震撼。

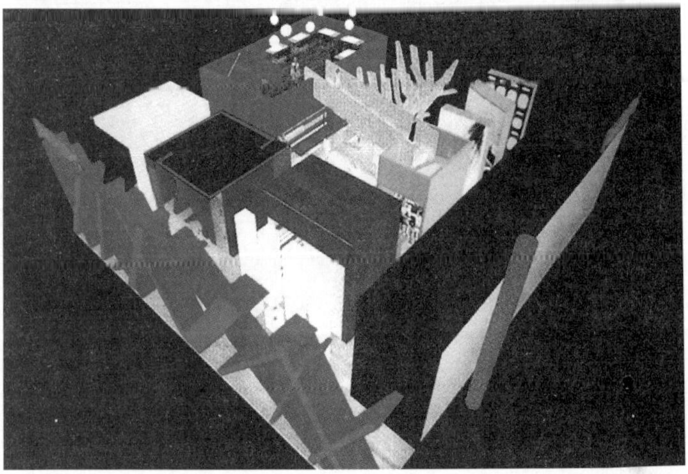

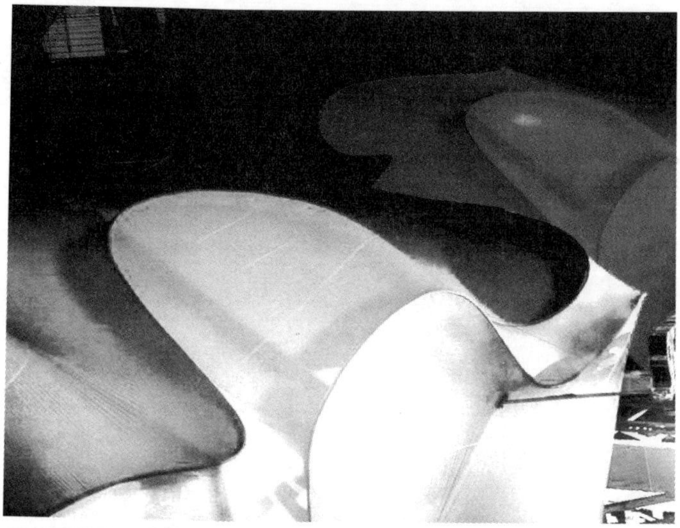

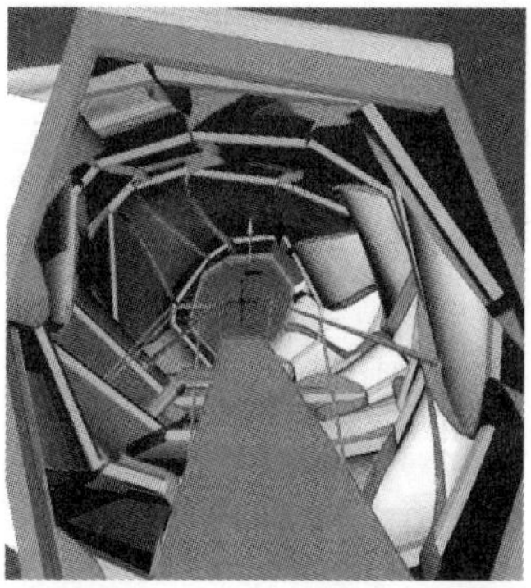

图 7-2-1、2，这是一组学生通过利用计算机软件设计的课题作业，充分语言了结构与形态包括材料之间的处理关系，达到了视觉上非常有震撼力的作品。

2. 设计图及模型

平面图可分为总平面图和分平面图，总平面图是表明一个展示项目的总体布局关系，而分平面图是单一区域的水平解剖图，设计方案即平面图的表现是最直接、有效地把设计理念通过形象化和符号化方式表现出来，让人们明确感受到其设计方面的功能、内容和基本形象，以此为依据来进行施工。

立面图，就是一个物体的正立面的投影图与侧投影图，展示设计的立面图应该包括：展位的长、宽、高尺寸，围合界面以及展示道具的尺寸、形状、饰面、材料与做法，还包括照明方式、光源位置以及各种各样的标志、灯箱、环境气氛装饰品等的形态内容。另外，还有部分的剖面或节点、结构图等。

模型制作是培养学生从平面转化到立体的思维过程的比较直接的形式，了解和掌握三维立体空间思维以及想象力是展示设计模型制作非常重要的学习内容，所以，也是该专业一门重要的课程，事实上模型设计与制作是一种概念模型，它注重表现展示的设计内容、材料、形态、色彩以及风格、特点，同时，还是训练学生如何较为熟练地来完成模型的制作，有着一定的学生动手技巧学习等方面的内容训练。通过模型的设计与制作训练，突破二维设计中的表现手法的局限性，在三维空间形态中对设计进行推敲、修正、体会模型所呈现的设计思想。

我们一般把模型分为：方案模型、表现模型、展示模型三种。在课程训练的过程中一般会选用方案模型，选择要的材料主要有：卡纸、航模板、吹塑板、KT 板、薄铁皮、薄

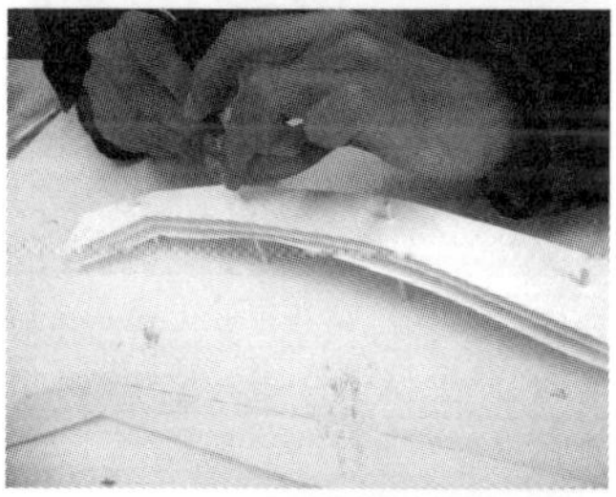

图 7-2-3、4、5，利用KT板、纸板等材料制作的展会展示模型，利用模型的制作学习材料的搭配和材料所表现出来的视觉效果。

图 7-2-6、7、8，学生根据相关的主题设计，利用卡板纸材料制作的课题训练作业。

铝片、彩色玻璃纸等，还有胶水与剪刀、小树枝、锯末、小石子、纤维材料、玻璃片、金属、塑料、有机玻璃等其他搭配所要的材料。

本节重点以及学习提示

从教室到工作室的实验教程是锻炼学生通过学习材料理论知识来运用到实际的设计事务中，同时，训练和培养学生独立思考和操作来完成展示设计从材料选择到设计材料、应用材料、掌握材料特性的学习过程，由此，通过这章节的内容学习为今后的实际设计事务工作积累相应的设计经验，这在我们目前的艺术设计教育中有着积极和重要的意义。

图 7-2-9、10、11，这是学生利用卡纸材料作为课题训练的作业材料，具体制作过程是先在平面的纸上计划好结构形态，然后在这些线条上用裁剪好的纸片搭建展示空间形态，要求具有多种形态和变化的材料来完成课题的作业。

图 7—2—12、13、14、15、16， 这部分的模型制作虽然同样是学生根据课题的要求完成的展会模型，但在材料的运用方面更为丰富，有铁丝、纤维、泡沐塑料、纸浆、木材等，模型的要求：学生利用这些材料的搭配，在形式与色彩和材料的安排上作创新的思考。

3. 设计与深化

一块高级漂亮的材料可以用它设计加工成一件非凡的作品，然而它价格不菲，注定可能有被搁置的可能。作为学生在课程练习中的材料运用，教师一般希望他们在创作中学会使用廉价、容易得到的材料以及简单工具和方法来设计和制作一些与课程相关的作业。实际上，一旦你能比较熟练地运用一种设计的方法，特别是了解和理解材料的特性。另外，在设计中材料应用研究更是需要重视来自瞬间的创意和对材料分析研究的深入的展开过程。独特的材料创意，就是那些各种各样的材料与形态的结合设计但有时看起来不经意的发现。因此，设计师和艺术家一样都必须知道什么样的设计需要什么样的材料，当然，有一些设计为了满足人们的好奇心或内在的强烈冲动，在材料的选择方面更大胆，可能会超出我们一般的想象。展示设计中除了会经常运用的形态表现之外，更多的是在设计中通过材料应用的不同方式来表现设计师的设计思想，同时，还需要考虑材料应用中的功能因素等。因此，毫无疑问在这过程中尤其需要理解材料对于设计思路形成的重要性和进行深化设计的必要性。

科学技术的不断发展、进步和新材料、新技术的出现，使得设计行业的各个专业方向在今后都不可忽视材料的变化形式在设计中的应用，设计师借鉴和吸收其他专业领域的材料应用，如纤维材料在展示空间环境中的应用，它不仅成为了一种设计的艺术化的表现更是展示活动中人们不断追求创新变化的趋势。

图 7-3-1、2、3、4、5，这部分需要学生在利用各种各样的如木材、石材和一些其他材料应用的基础上进行深入地表达。如图片中有表现比较细致和深入的中国风格的模型作业，在这些作业中我们还可以看到视觉传达形象的运用。这也是模型深入表达过程非常重要的内容，因为，它也会涉及应用什么样的材料表达的问题。

展示课程相关作业安排：

1.课题：200至300平方米左右，主题为《服装与服饰配件展示空间及材料设计》（说明：服装与配饰是指与服装有关以及具有一定风格特点的材料选择，也可通过箱包、鞋帽、首饰等配件安排空间展示，不一定仅仅利用服装展示道具内容）。

2.设计要求：平面布置图、天棚（灯光）布置图、部分的材料安排说明、效果图（透视图），均可用手绘或电脑表现。

3.设计内容：平面布置图（1张）、天棚（灯光）布置图（1张）、部分的道具图（不可少于两张）、效果图（透视图）（不可少于两张），设计材料说明文字不少于500字，可以单独安排一页也可以分散安排在每个页面内容中（文字主要从展示空间的形态形式、结构与功能、风格与色调等方面展开）。

4.表现的格式与形式：作业以电子文件形式提交可用PPT、JPG（图片）等形式，A4幅面展现。

5.课程作业评分标准：按照课程为40学时确定和课程要求，主要突出以材料的独特性能在展示设计的形式表现中的运用作为评判标准，同时，结合学习过程中其他方面的内容综合考查、评分。

图 7-3-6、7、8、9、10，一组商业空间环境的设计方案，利用计算机软件设计制作的稿子可以通过多个角度的观察效果和及时地作出修改的可能性，这也使设计中材料的运用更趋合理性的客观的展现。

图 7—3—11、12，学生在制作设计模型的过程中经常会重视了形态的设计而忽视材料对设计的影响和作用，有时材料可以帮助我们达到形态上不能获得的视觉效果。

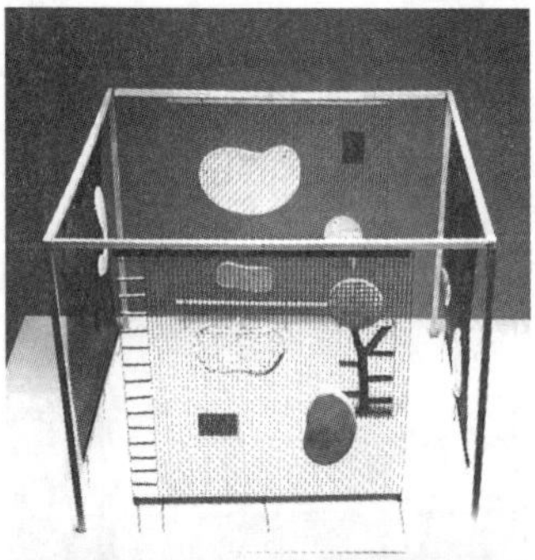

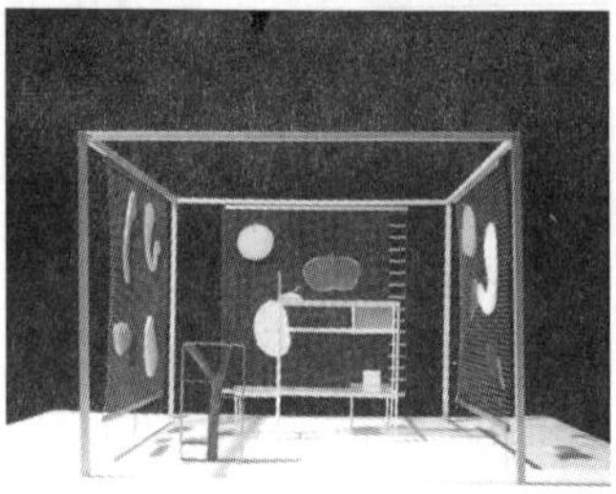

图 7—3—13、14，学生利用所学过的课题做作业训练的学习内容，展示模型课程训练，目的是培养学生自己动手创作的能力，同时，考虑对材料和形态的设计把握，应用方法的熟练的应用学习。

课题训练：

该章节的内容主要是通过课堂的理论学习，如何把理论知识应用到实际的设计中去。在进行课题训练时，我们可以通过一些对材料的特点和技术加工的了解体会和发现材料的巧妙运用，训练过程选用材料最好选用KT板或模型板，它平整、容易裁剪、色彩丰富、可弯折并朴实而便宜，能体现形态的多种变化和手工制作技巧训练的材料。方法与程序：完成设计图、拟订模型制作计划、采购材料、缩放模型比例、开料、形态考虑、打磨、粘合、装饰、组合。辅助材料可选用纸张（片）、木质材料（片、块、棍）、塑料材料（丝、线、块、片）、金属材料（丝、线、片）、涂刷（颜料）、胶材料等。

第八章 个案分析研究

1. 玻璃与金属材料结合运用

采用玻璃、金属作为展示设计选用的主要材料，在展示设计中非常的普遍，并且，视觉效果也是具有强烈的材料结构与形态的变化感觉，事实上，这就是材料所表现的特征让人感受到的一种力量感和体积感。一般来说，在面积较小的展示环境设计中，首选的主材料应该是玻璃，因为，玻璃可以延伸空间。当然，玻璃更多的会与金属材料结合运用，如玻璃与钢、铝、铜材等的结合应用、与不锈钢的结合和一些表面处理过的有色金属材料的结合运用。细心的人们会发现，设计师在设计处理金属材料或普通、镀膜、钢化玻璃这些较暗材料时，更多的思考形态与材料的整体与局部的关系、材料与色彩的安排、是以单色调为主、还是使用单一的黑色和深棕色材料以及色彩是否与材料形成协调的关系等因素。因此，在下面的案例中我们通过几个方面的内容来感受设计用材的选择、思考、应用以及所表现出的展示视觉效果。

图 8-1-1、2、3、4，展示设计从外到内的形式变化，实际上是相互统一和有关系的，包括在用材料方面的统一性。

图 8-1-5、6、7、8、9，整体的效果体现，是根据展品位置和展示区域功能的不同的安排和选择的，因此，材料以及对形态作整体上的思考是设计的重点。

《荷兰 Ekris 宝马展厅设计》

建筑设计：ONL [Oosterhuis-lenard] 工程
施工时间： 2005-2007
项目地址：Utrecht，The Netherlands
主要设计师：Kaso · sterhuis，Ilona · lenard
项目建筑师：Gijs · Joosen
设计团队：Ronald · Brandsma，Pim Marsman，
Paulina Gurak，Rafael · Seemann，
Arnest · Boender，Gerard van · den · Engel，
Bas · de · Beer，Sanne · Plomp，
David · Milam
委托方：Ekris · Utrecht BV.
建筑面积：A 栋 5400 平方米，B 栋 6400 平方米。

ONL 为荷兰乌德勒支宝马经销商 Ekris 设计的两座钢架玻璃大楼展厅。大楼的设计借鉴了宝马 5 系的前车灯外形，设计师还运用汽车形象作为设计元素，一种 20 世纪 40 年代

至50年代开始形成的单体横造结构，作为一个有机整体考虑设计的形态，建筑和展示设计师们也将这种形式变成“单体横造”式结构展示，将两个建筑变成一个连贯自成的结构性整体。事实证明这一设计相当成功，并且，展示的效果如同一部真实的汽车一样具有强烈的三维视觉效果。事实上，这些设计的灵感既有思维方式的变化，更多的还是对材料和技术所提供的这样或那样的可能性的理解。另外，我们知道设计与艺术永远是不可分离的，虽然，人们越来越明显的感觉到二者的区别：即设计重实用、沟通、表达；而艺术重意识、

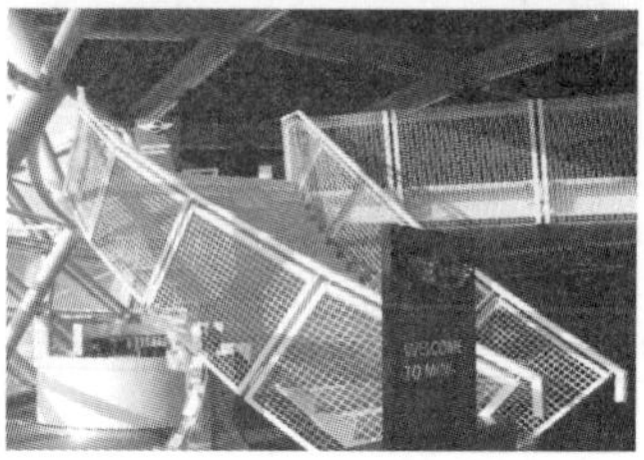

图 8-1-10、11、12、13、14、15，在展示空间中以金属结构作为设计的形态，可以很好的确定设计对所展示产品的风格和主题的定位。同时，视觉形象方面也可以围绕着具有工业化、现代技术和材料形态的视觉语言展开。

图 8-1-16、17、18、19、20、21、22，日本“SONY”产品东京展示空间环境设计中，对材料与色彩的运用所表达的效果给我们的视觉语言印象，稳重、典雅、色调柔和，体现了对材料的应用和有效的把握，金属和其他材料的相关应用一点也不夸张和过头，这看出设计师具有的修养和品位。

表现、创新，因此，我们需要认识到设计的形成离不开艺术形式的变化和对材料应用的启发和灵感。所以，设计师更多的应该发现并欣赏生活中的美以及具有一定的品位，“一个会弹钢琴的人，他的言谈决不会低俗。”一个具有艺术情感的设计师设计作品也肯定不会庸俗。更为关键的关键的是理解和学习一种如同艺术家创新的思维方式，即很强的联想能力和意境创造意识，再加上通过对材料的形式符号的解读来表达设计中的种种意境，一个优秀的设计师也应该具有这样的一种能力：通过选择适宜的材料和形式设计一种具有独特形式、有意味、创新的展示空间意境。

2. 合成材料应用

对合成材料的选用方法与原则，除了对材料的理解和分析研究，其性质、特点和工艺技术方法，更多的是我们应该通过有创造性的思想和理念来完成对合成材料的应用。

从意大利的Ilaria Marelli设计的男装展示空间环境设计作品中，我们可以看到是一个充满着灵性、感知的设计思想。Ilaria Marelli的设计理念“模块和成分、从小件到大件、适应、过去和现在、奇迹……”Ilaria Marelli认为这样的文化境界是令人沉醉的，这也让她的作品通过线条的组合，利用玻璃纤维合成材料的特性、概念形式，呈现出了更多的中国哲学美感。模块结合和材料应用所组成的不同形态，利用形态突出和对比鲜明的设计方式来创造色彩、展示的装配方式、形状与形状表达的平衡感、对光线传播的不同处理效果等，达到了非常精致、优雅的视觉感受。

图8—2—1、2、3，这组Ilaria Marelli作品的图片中看上去是一个单一的商业空间展示环境，事实上，在其中包含着多种的材料与视觉形态语言。有来自于异国情调的、发自内心的设计思考和创意，材料来自创新的灵感而形成的纤维合成材料，在运用中更使得空间的展示具有浪漫温煦的情怀。

图 8-2-4、5，Ilaria Marelli 的作品中充满着神秘色彩的环境营造看上去是光线的原因，事实上，它的效果离不开对材料的应用，合成纤维材料散发的一丝丝光泽、浓郁的怀旧情绪使你联想到许多许多。

图 8-2-6，在艺术作品展会上，作品与所展示的材料形成的对比关系。

图 8-2-7，在公共环境的空间中，透明与灯光的形态安排，环境展示效果非常强烈。

图 8-2-8，纸质材料在环境中的安排，给人一种新的视觉想象。

图 8-2-9，不同色彩和形态与光线结合在一起的效果，事实上，也离不开对材料的应用，纸纤维材料的轻盈感觉是其他材料无法替代的。

图 8-2-11，墙面石材所带给人们的无限想象和浓郁的怀旧情绪。

图 8-2-10，光与形、材与质，在这张作品中更是最大限度的得到表现。

3. 环保材料的设计理念

应用案例

优裕、才智、环境、灵感、材料与形态分享，这是2010年上海世博会芬兰展馆定名为"冰壶"（Kirnu），设计师将向大家呈现的一个微型芬兰的形象，并由此形象向世界展现芬兰及其整个社会的风貌。展馆雕塑式的雄伟具有一定力度的建筑形态设计，旨在营造一个适合未来发展的充满自由、创造力与创新思维的景象。展馆好似一座水面上的微型岛屿城市。走过一段小桥，游客便来到展馆前。其中心部分由这个微型城市的城中心和广场组成，这个广场便是冰壶，各种思想与观点在这里碰撞、交流、融合。自然元素——展馆的设计灵感来自芬兰的自然风貌，海岛礁石、鱼鳞、碧波倒影、天空剪影，还有木头散发出的阵阵清香，种种的自然元素与新型材料的应用得到了重新诠释，并以各种新的面貌呈现眼前，如同大自然一样，芬兰展馆也为漫步其间的人们提供了一处宁静港湾，让大家得以脱离都市生活的喧嚣，

图 8-3-1、2、3、4、5，在2010年上海世博会整个芬兰馆的设计思想中，离不开的是一个情和结，那就是对于环境的重视的情和自然元素再创造的结合思想。这是芬兰馆的主入口和接待处的展示效果。

展馆四周，清风微醺，水波粼粼，慢慢走向这座展馆，其匠心独具的鳞式表面材料和形式逐渐映入眼帘，一条平坦的桥梁通往展馆的入口，入口处的木质材料表面所营造出的富有魅力的遮荫效果，吸引游客迈步进入其中。冰壶广场，巍然耸立的内墙上覆盖着轻薄织物材料与地板材料融为一体的陈列台和照明装置制造出虚拟展示效果，使得参观者们能够身临其境，尽情体验。在冰壶厚实的围墙内，一段缓缓上行的斜坡引领游客走向展厅的高处部分，环绕着中庭参观。从展示厅出来之后，顺着斜坡往下走便是出口，游客可以在此处购物、用餐。因此，活动空间中的展馆内部布局设计非常的合理。另外，一楼除了中心广场，还有餐厅、纪念品商店、衣帽间、盥洗室和贮藏室，参观完展览之后还可以前往餐厅和商店。VIP 入口与主入口相隔而设，基本设计使得拥挤的人群能够在这个充满活力的空间里无拘无束地四处参观。另外，“美好生活”作为展馆的宗旨，在设计中试图通过由六大要素组成分别为自由、创造力、创新、社区精神、健康与自然，而这所有的要素都完美地融合在了展馆建筑、空间、材料和功能设计中。因此，雕塑式的整体设计体现了高科技建筑和展示设计的自由与创造力。创新则表现在构造的简洁和各种材料与技术工艺的细节应用上。整个展馆围绕广场而建，人们围聚在一起，社区精神是建筑的基本设计理念之一，而流水、天空等元素的应用，让自然成为建筑的一个抽象的组成部分，展馆作为一个舒适而激发灵感的微型城市，本身就是健康环境的典范，人类、自然与技术在这里和谐共处。在其建造过程中 3D 计算机模型将被用来辅助整个建造过程。展馆的垂直承重结构由钢材制成，正面由窄体元件组成，将现场进行组装。水平结构由木质框架元件组成，板则由板块拼成，内部将用木板铺面。外部正面使用富有现代气息的鳞

图 8-3-6、7、8、9、10、11，在 2010 年上海世博会整个芬兰馆的设计理念中，更多关注的是展示环境的合理性和人们在环境中的感受，这组照片我们可以从中感受到设计师的创意概念形成过程。

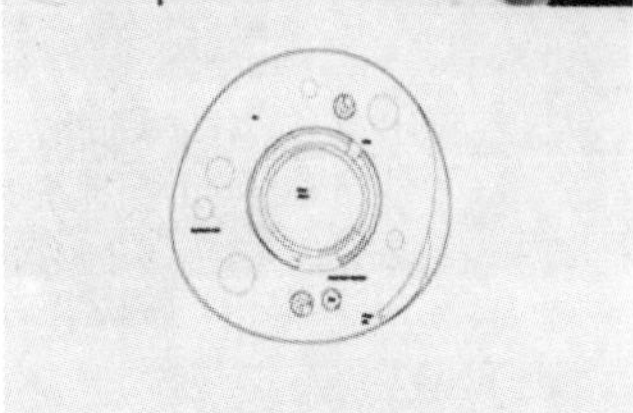

图 8-3-12，在设计思考的过程中，材料应用和形态变化的设计，更是不可忽视的在展会环境中人的舒适程度的考虑因素，如硬材料与软材料的结合形式的应用，在该展会设计中充分的得到重视。

图 8-3-13，强调人与环境、人与空间沟通、交流的可行性设计。

状花纹纸塑复合板，这是一种工业再生产品，具有环保功能。中庭墙壁以及二层的一些墙壁由织物覆盖，并可用透明织物覆盖中庭，楼梯和电梯为独立元件。全部建筑元件在进行制造的时候，就必须保证建筑建成后能被分解和再组装。另外，可持续性建筑概念也不断提升，在不久的将来，城市建筑面临的一大挑战将是如何找到保护资源的可持续建筑方式，这个展馆就是一个可持续建筑的实验室，展示了芬兰对未来城市建筑的解决方案，他们的目标是在建筑方式和维护特点方面，开发出节能、低排放和环保的解决方案。在设计中融入了多种因素，比如可再生能源，屋顶上的太阳能电池板能够在酷暑时节为制冷设备供电，更多运用自然通风可以降低对机械通风的需求，空气从房屋下面的水平面采集后进行供应。中庭的厚实墙壁构成了一个天然通道，内部便是从入口开始的螺旋状斜坡，墙壁和顶部的开口促进了自然通风，而设施的合理方位、轻质表面的材料以及窗户结构则可减少日照引发的热强度。种植的植物房顶可均衡热负荷，雨水可从屋顶收集，并导入庭院中的一个水槽，所有的材料都经过严格筛选，以确保产生的温室气体排放降至最低，同时，材料的负荷、再利用和再生都根据展馆的整个使用周期进行科学的分析。因此，它与其他各个国家的世博会展会场馆的形式和材料以及环保的理念也都非常的接近。我们可从后面图片中的其他国家的展会场地看到这一思想、理念的体现与表达。

图 8-3-14，上海世博会波兰国家馆，其主题为“人类创造城市”，即：“人类、创造力、城市”。人们把对生活的创造力和想象力融入到展示环境中，把艺术和创造力融入到城市中，这是作品的最大的成功。

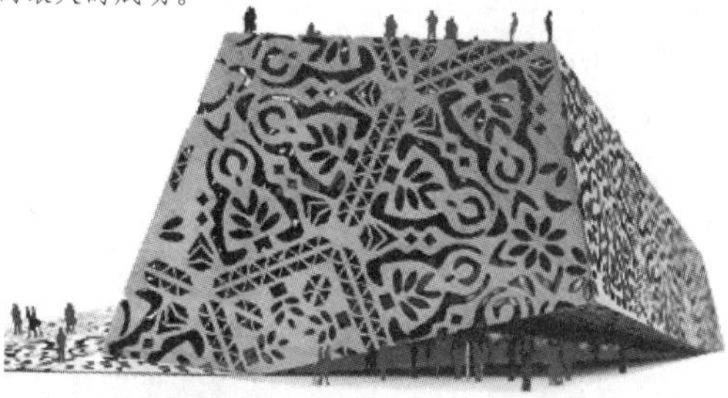

图 8-3-15，德国国家馆。作为“海港新貌”展厅，展示以改建汉堡港区为例在保留旧有建筑的基础上，注入现代的建筑展示元素，赋予了城区展示的一种崭新的风貌和生活质量。

图 8-3-16，英国国家馆设计方案作为其命名的“创意之馆”（a Pavilion of Ideas），更注重于材料和技术的革命和创意。

图 8-3-17，澳大利亚国家馆。其主题是“战胜挑战，针对城市未来的澳大利亚智能化解决方案”，作品通过探讨环境保护以及城市化和全球化等人类面临的共同挑战为背景，展示澳大利亚自然风光，在设计中首先从形态和体量方面作了充分的考虑。

图 8-3-18、19，意大利国家馆。意大利馆设计方案灵感来源于游戏棒，从外观看，整个意大利国家馆如同分裂的马赛克，体现了不同地区的多元文化和谐共处的关系。

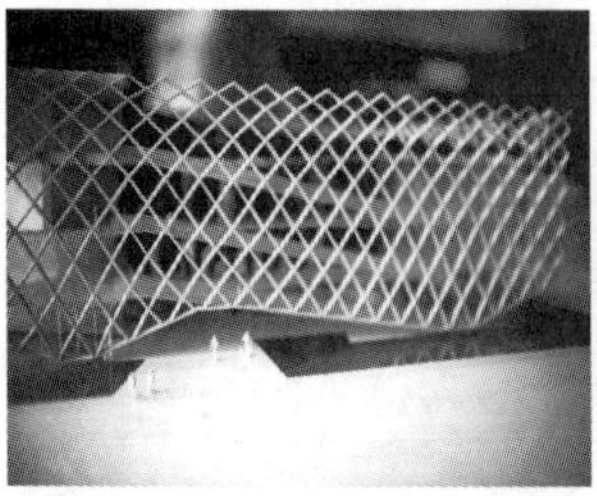

图 8–3–20、21，法国国家馆。被命名为“感官的盛宴”、“感性城市”。外观简洁明了，将以脱离地面的漂浮形式展现在参观者面前，突出法式庭院风采，尽显水韵之美。设计师将平衡理念作为设计背景，从各方视角探讨法国形象标志和魅力，并通过创新的科学技术，在节能、可持续发展等方面展示上海世博会“城市，让生活更美好”的主题。

图 8–3–22、23，从空中俯瞰的上海世博会瑞士国家馆的形象，其轮廓是一个想象中的未来世界，设计的主题是以可持续发展理念为核心，设计中充分考虑了如何开创性地结合自然和高科技元素，使展馆变成一个开放的空间。设计的环保概念也是作为设计的重要内容来提倡，在展馆外部的幕帷主要是由大豆纤维材料制成，既能发电，又能天然降解。

图 8–3–24，被称之为“舞蹈的建筑”的俄罗斯国家馆，通过形态的组合表现众多的民族组成了一个统一的整体——元素为俄罗斯各种图案相互交织，形成了环舞造型，也象征着无尽的融合。在融合的同时，同一个天空下的俄罗斯各民族又各具独立发展的机会。

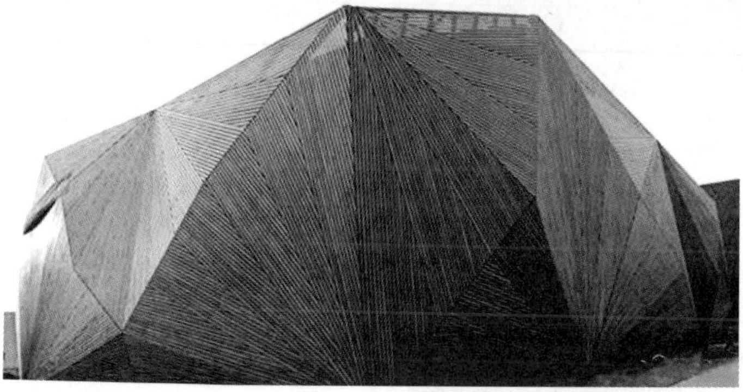

图 8–3–25，上海世博会加拿大国家馆展馆的主题为“充满生机的宜居住城市：包容性、可持续发展与创造性”。展馆由三幢大型几何体建筑组成，展馆的中央是一片开放的公共区域。参观者可以经由包括一个表演区的公共区域进入展馆。

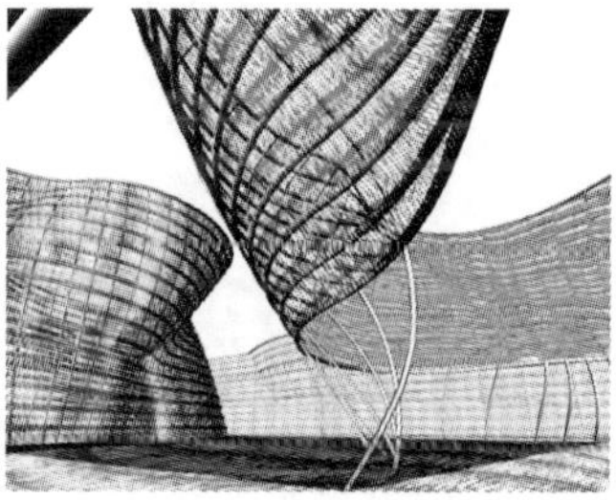

图 8–3–26、27、28，西班牙国家馆，纤维环保材料充分体现了这个民族的活泼的生命、强烈的文化精神和具有艺术潜质的调整。

图 8–3–29、30，以色列国家馆的主题为“创新让生活更美好”。展馆在建筑上充分利用了“创新与未来”元素，展馆外观由两座流线型建筑体组成，形似环抱在一起的双手，象征着以色列的科技与创新。以方表示因其独特设计，以色列国家馆也被称做“海贝壳”，这一名称也呼应了上海世博会吉祥物海宝以及上海沿海城市的特点。

图 8–3–31、32，通过对城市的游览及品味，参观者将能深刻体会到爱尔兰人民在有效利用城市空间以及城市可持续发展方面作出的努力。在上海世博会爱尔兰国家馆将着重展现其经济、文化发展所带来的城市空间及人民都市生活的演变，体现爱尔兰在城市化进程中对空间有效利用以及都市可持续发展的理念。

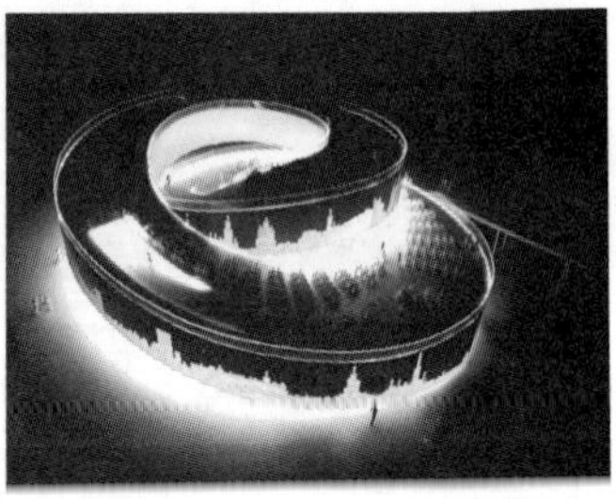

图 8–3–33、34，丹麦国家馆将是由两个环形轨道构成，形成室内和室外部分，并由一个连贯性的平台连接。设计团队把哥本哈根港口的小美人鱼雕塑带到上海并安排在丹麦的展示空间环境中。

4. 材料综合应用

综合材料的应用在所有的展会展示设计中，事实上是非常的重要，因为，不管是什么类型和主题的展示活动，设计师都希望在自己的设计作品中体现自己与众不同和别出心裁的设计理念、对新材料的视觉感觉和综合性表现的应用形式。在图 8-4-3、4 中可以看到材料的应用非常的简单，仅仅是一种以白色的类似塑料薄片的材料为主要材料的应用设计。事实上，我们在理解材料的综合运用的过程中，除了对材料的真实特征的理解之外，可能更多的是理解材料所呈现的感觉与其他材料和形式相互结合的应用意义，即我们所讲的综合材料的应用技巧理念。因此，如何选择、搭配、技术应用、方法和程序以及美学原则等是学习的重点。

图 8-4-1, “UBOOT” 公司的商用展位的展示设计。

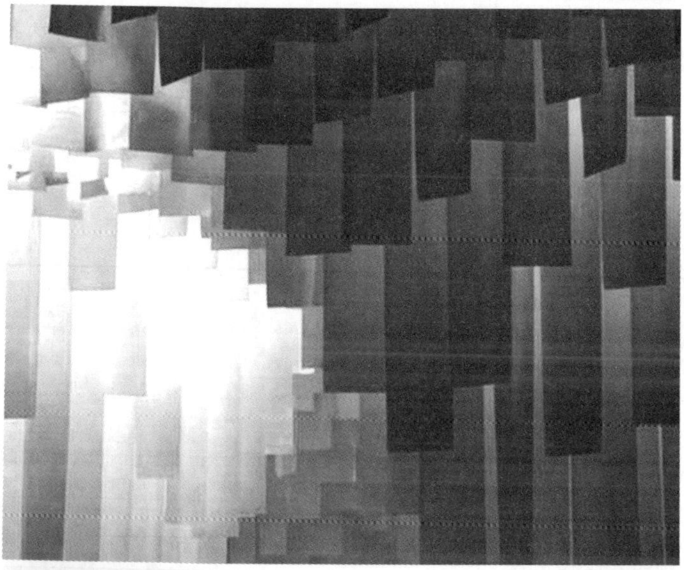

图 8-4-2、3, 所有的展示材料均为一些比较轻质的塑料片或塑料块, 通过有规律的排列分布, 形成具有视觉美感的空间形态。

图 8-4-4、5、6、7，白色、纯洁、宁静的环境氛围，营造一个和谐、高品位的商业展示环境，心理和视觉感官上得到双重享受。

图 8–4–8、9，展会活动中的展具设计，更应该考虑搭配的材料与形式的变化以及与整个展示效果的相互发生的关系是设计师思考的方向。

本章重点与学习提示：

通过对个案的分析与研究，特别是提出了一些对在不同的材料应用与展示设计之间所形成的思考和学习内容，通过学习本章节的内容，知道自己如何去正确评价材料与形态相互协调的关系，尝试着用500字左右选择一个设计案例来作一个简单的评述分析，从你的角度来对不同材料展示设计中的应用，它们之间是什么样的一种视觉表达、审美体现的感觉。

参考书目：

1. 辛华泉编著：《形态构成学》，中国美术学院出版社

2.[美]马克•第亚尼编著，藤守尧译：《非物质社会——后工业世界的设计、文化与技术》，四川人民出版社

3. 卢安•尼森、雷•福克纳、萨拉•福克纳等著：《美国室内设计通用教材》，上海人民美术出版社

4.《TEXTILE FORUM》ETN(European Textile Network)

5. [美] 盖尔•格里特•汉娜著：《设计元素》， 中国水利电力出版社

6. 林乐成、尼跃红主编：《国际现代纤维艺术——从洛桑到北京国际纤维艺术双年展作品集》，中国建筑工业出版社

7. 戴云亭编著：《材料与空间展示》，上海人民美术出版社，2005 年 8 月出版

8. 朱国勤、戴云亭编著：《会展视觉系统设计》， 中国化学工业出版社，2009 年 3 月出版

9. [英] 克利斯•莱夫特瑞著：《塑料——材料设计灵感》， 上海人民美术出版社，2007 年 1 月出版

10. [英] 贝维斯•希利尔和凯特•麦金太尔著，林鹤译：《世纪风格》，河北教育出版社，2002 年出版

11. 戴云亭等编著：《设计基础》，上海人民美术出版社，2006 年 8 月出版

12. [美] 唐纳德 . A. 诺曼，梅琼译：《设计心理学》，中信出版社，2003 年 10 月出版

13. 彭健伯著：《开发创新能力的思维方法学》，中国建材工业出版社

14. 邱蔚丽等著：《装饰面料设计》，上海人民美术出版社，2006 年 8 月出版

后记：

本教材是在作者 2005 年 7 月出版的《材料与空间展示》一书的基础上重新编著而成的成果。在重新编写的过程中，作者对大量相应展示设计方面的资料作了整理和相应阐释，其中有部分图片来自于华东师范大学设计学院学生作业和上海应用技术学院学生的设计作业。由于在本书的编辑过程中，还有一些作品和图片由于编写时间仓促和本作者的能力局限等因素，可能没有明确的标注和说明，在此，作者向其表示诚挚的歉意，并恳请给予谅解。另外，在编写过程中还得到朱国勤教授、朱淳教授的真诚的帮助，同时，还得到出版单位责任编辑以及相关同人的帮助，在此一并深深表示感谢！